本书是国家社科基金一般项目“促进家庭有效参与垃圾强制分类的激励机制研究”（18BJY083）的研究成果

# 我国城市生活垃圾强制分类的激励机制研究

刘曼琴◎著

WOGUO CHENGSHI SHENGHUO LAJI QIANGZHI FENLEI DE JILI JIZHI YANJIU

中国财经出版传媒集团
经济科学出版社
Economic Science Press
·北京·

**图书在版编目（CIP）数据**

我国城市生活垃圾强制分类的激励机制研究 / 刘曼琴著. -- 北京：经济科学出版社，2024. 7. -- ISBN 978 -7 -5218 -6118 -1

Ⅰ. X799. 305

中国国家版本馆 CIP 数据核字第 2024JK2913 号

责任编辑：朱明静
责任校对：齐　杰
责任印制：邱　天

**我国城市生活垃圾强制分类的激励机制研究**
WOGUO CHENGSHI SHENGHUO LAJI QIANGZHI FENLEI DE JILI JIZHI YANJIU
**刘曼琴　著**
经济科学出版社出版、发行　新华书店经销
社址：北京市海淀区阜成路甲 28 号　邮编：100142
总编部电话：010 -88191217　发行部电话：010 -88191522
网址：www. esp. com. cn
电子邮箱：esp@ esp. com. cn
天猫网店：经济科学出版社旗舰店
网址：http：//jjkxcbs. tmall. com
固安华明印业有限公司印装
710 ×1000　16 开　14. 5 印张　250000 字
2024 年 7 月第 1 版　2024 年 7 月第 1 次印刷
ISBN 978 -7 -5218 -6118 -1　定价：78. 00 元
**（图书出现印装问题，本社负责调换。电话：010 -88191545）**

# 前　言

本人对城市生活垃圾规制这一问题的关注，缘起于2012年前后博士论文的选题。十余年来，本人先后完成了博士论文，研究课题入选国家社科基金、广东省社科基金、广州市社科基金项目，其间陆续发表十余篇学术论文。在这个过程中，我国针对城市生活垃圾的规制不断变化：我国城市垃圾分类政策早在2000年前后开始推进，当时的建设部在北京、上海、广州等八个城市进行生活垃圾分类收集的试点。2010年我国要求全面推行垃圾分类，促进垃圾分类的地方法规相继推出，但对生活垃圾进行分类是柔性鼓励。2017年开始陆续颁布政策推行强制分类，至2019年7月上海成为我国居民生活垃圾强制分类第一城，我国的城市生活垃圾分类政策由柔性鼓励转为硬性强制，规制强度由弱变强。垃圾分类的主要承担者由政府转变为家庭，家庭的垃圾分类责任逐渐强化。城市生活垃圾强制分类政策的实施范围逐步扩大，从最早的46个城市试点，到全国地级以上城市，再到全国所有城市实施。生态文明背景下市民对高质量城居环境的需求日益强烈，生活垃圾强制分类在现实中已成为城市治理的必然选择。

上海2019年7月1日对城市居民生活垃圾实施强制分类，标志着我国垃圾处理正式进入强规制阶段，截至2023年6月已有120个城市颁布地方法规推行此政策。家庭广泛且持久地有效参与垃圾分类是该政策成功执行的必要条件。构建起促进家庭有效参与垃圾分类的激励机制是建立垃圾分类长效机制的重要内容。从国际经验来看，作为价格激励工具的按量计费常与强制分类配合实施。相较于我国很多城市正在实施的回收补贴，若仅以减量效应静态分析，二者的激励效果相同；若考虑按量计费对居民产生教育效应，则会促使其在消费环节选择低废弃的绿色产品，倒逼企业绿色生产。因此，从长远看，按量计费是合适的经济激励方式。社区是垃圾分类投放行为发生的重要场域，邻里间的分类投放行为会相互影响，开放型社区与封闭型社区里居民环境效用函数凹凸性不同，导致在两种社区内政策实施后演化博弈的稳态结果不同，仿真图还显示居民收入水平、居民对洁净环境的赋值会影响稳态结果和达到稳态的时间。抽检—罚款这一激励手段有助于封闭型社区实现有序投放。人既是经济人，也是社会人，社区融合背景下居民内心的道德、外在的声誉会构成对行为的隐性约束。它改变居民的效用函数、演化博弈的收益矩阵，并最终影响社区内垃圾投放的稳态。仿真结果显示，在经济激励与声誉激励的共同作用下，开放型社区在相对长的时间内也能实现有效分类、有序投放的稳态结果。这一结果表明，在开放型社区，实施垃圾强制分类也能有很好的效果。本书通过问卷调查，获得1155份高校学生关于垃圾分类“知”与“行”的数据，分析垃圾分类行为的影响因素。结合个体行为的数据与社区调研分析发现，我国分类政策实施现状具有“外热内温”的特点。推进计量收费实施经济激励，建设线上社区强化声誉约束，构建多元适用的环境教育体系提升环境道德，科技数字赋能降低监管成本，依靠党建引领因地制宜地构建多元共治的垃圾分类机制，助推我国居民做好垃圾分类这一“关键小事”，才能营造美好环境、缔造幸福生活。

本书基于本人十余年的相关研究，研究逻辑与内容相当部分脱胎于本人的博士论文与本人主持的国家社科基金项目研究报告，感谢暨南大学钟阳胜教授、张耀辉教授给予的指导，感谢上海立信会计金融学院尹今格副教授、广东白云学院王丽芳老师、广东金融学院刘志荣副教授等给予的帮助。

**刘曼琴**

2024年3月

# 目　　录

# 第1章 引言

## 1.1 研究背景

经济发展使人们的收入水平不断提高，改变了消费水平和消费结构，导致居民生活垃圾产量增加、结构改变，产生垃圾围城。从资源约束的视角来看，实现垃圾分类与源头削减也是生态文明建设、人类可持续发展的必然要求。因此，随着经济发展，城市生活垃圾处理的需求侧、供给侧都发生了重大变化，城市生活垃圾处理与分类问题亟待给予理论研究与政策实践的关注。

在经历40多年的高速经济增长、快速城镇化之后，我国大型与特大型城市急剧出现，且城市规模仍在不断扩张。除城市人口增加之外，市民人均收入水平的提高使得城市居民的人均生活垃圾产量显著增加。人们生活水平提高的同时，生活方式与消费结构的改变，还导致生活垃圾结构发生变化，如包装垃圾、快递垃圾、外卖垃圾等占比逐步增加。因此，城市生活垃圾处理在处理规模和垃圾构成上出现巨大变化，城市垃圾处理需求端呈现需求量持续上升、垃圾分类的经济性明显增强的特点。另外，特大型城市在人口快速集聚、城市内土地资源约束收紧的双重压力下，土地价格上升导致垃圾填埋的土地成本高企；城市空间扩张导致生活垃圾转运距离增加，运输成本上升；民众对洁净空间有更高的要求，对垃圾焚烧站的邻避心理，使得垃圾处理的社会心理成本上升；上述三个成本的上升使得垃圾处理的供给端成本上升。城市生活垃圾处理的需求端与供给端都发生了巨大变化。垃圾处理需求增加，而供给成本约束，“垃圾围城”成为大城市普遍的治理难题，挑战日益严峻。

资源匮乏背景下通过垃圾分类促进资源回收实现可持续发展，是城市推行生活垃圾强制分类的另一个动因。在人口规模扩张与人均资源需求上升的双重推力下，有限的地球资源让人类面临着日益收紧的资源约束。在原始资源日益枯竭的背景下，垃圾被认为是“放错地方的资源”，是“唯一增长的资源”，城市生活垃圾被喻为“城市矿产”。实现垃圾处理的资源化与再利用，是资源约束下循环经济的重要内容。随着人均收入的增加，生活水平提高，人们对洁净宜居的生活环境需求更为强烈，对洁净环境的支付能力与支付意愿上升。上述原因，使得我国的垃圾处理环境发生改变，寻找新的政策工具以引导垃圾处理优化有了新的条件。

中国式现代化也是人与自然和谐共生的现代化，垃圾分类可以促进垃圾的减量化、资源化与无害化，降低终端焚烧总量、提高资源利用率、实现绿色处置，是我国特大型城市可持续化发展、建立洁净低碳社区的必经之路。这是我国实施城市生活垃圾强制分类的政策背景。

## 1.2 问题的提出

垃圾分类是指将废弃物按照材质、性质或处理方式进行分类，并采取相应的处置措施，旨在减少废弃物对环境造成污染和对资源造成浪费的行为。在源头实施垃圾分类，能够促进资源的回收利用，减少废物排放，还能有效降低垃圾处理的成本。尽管大多数人都明白垃圾分类的重要性，但在日常生活中，仍然存在大量的人无法正确执行垃圾分类。环境行为中普遍存在“知易行难”的现象。垃圾分类的“知易行难”是发展中国家城市治理的通病，如马来西亚的一个样本城市有 88% 的人“知道”垃圾分类，而实施者不足 30% 。

民众对垃圾分类政策表现出“钝感”，即对政府推行的政策漠然视之或者虚与委蛇。这种对政策的不响应、不行动的行为背后，是其对垃圾分类的理解不足、意识淡薄，导致参与热情不高。理解不足，是指民众对垃圾分类的概念和操作方法并不清楚，缺乏相关知识和经验；环保意识淡薄，是由于环保意识的缺失或不够强烈，部分居民对垃圾分类政策缺乏积极性和主动性；另外，民众还可能会因为觉得垃圾分类过于烦琐和不方便而产生钝感。

中国民众长久以来已经习惯于生活垃圾混合投放、长期按户收取象征性的垃圾处理费（如广州市的垃圾处理费为每户每个月 5 元）。当这种象征性的垃圾处理费被视为理所当然，“普通民众不需要为垃圾分类操心”的行为认知根深蒂固时，对我国城市生活垃圾实施强制分类，极可能会导致民众行为与政策要求的背离。在强规制实施时，被规制者是家庭，规制的实施必须推动十几亿居民行为方式的改变、文明素养的提升。民众行为认知上的惯性也会构成政策有效执行的巨大阻力。

自 2010 年来，我国部分城市试行过按量计费、回收补贴等规制手段，但收效甚微。从发达国家城市经验来看，家庭广泛并持续参与垃圾分类，是决定垃圾回收政策成败的关键。2017 年 3 月，46 个城市推行生活垃圾强制分类，旨在探索“可复制可推广的垃圾分类模式”，而后在全国推行。2019 年 7 月 1 日，上海正式实施生活垃圾的强制分类，紧随其后的有杭州（2019 年 8 月）、西安（2019 年 9 月），北京（2020 年 5 月）、广州（2020 年 7 月）、成都（2020 年 11 月）等城市。2019 年 12 月住建部等九部委通知要求我国地级及以上城市全面开展生活垃圾分类。自 2020 年开始，我国地级及以上城市居民生活垃圾分类全面推行。因此，本书探讨先行先试的城市垃圾分类政策实施，研究聚焦于如何促进家庭有效参与垃圾分类。城市居民生活垃圾分类政策能否真正落地、形成长效机制，取决于家庭是否能切实参与强制分类。分析政府对垃圾分类规制的动因，刻画民众参与垃圾分类的影响因素，分析行政指令、经济激励、声誉激励与道德教育在何种程度、如何影响家庭的垃圾分类，并据此构建促进家庭有效参与生活垃圾分类的激励机制，是我国实施强制分类亟待解决的问题，也是本书所要探求的主题、要解答的问题。

## 1.3 居民的城市生活垃圾

本书以对家庭实施生活垃圾强制分类为政策背景，先对几个相近的概念进行厘清：城市垃圾、城市固体废弃物、居民生活垃圾。城市垃圾，是针对“农村垃圾”而言；城市固体废弃物包含内容广泛，包括城市工业垃圾、建筑垃圾等。我国前期已通过立法对生产性、经营性垃圾进行了规制与管理，城市居民生活垃圾在所有垃圾类型中，垃圾处理与分类的规制对象为家庭，它涉及的面最广，监管的难度最大。

### 1.3.1 城市垃圾

城市是以非农活动为主体，人口、经济、政治、文化高度集聚的社会物质系统。根据《中国城市统计年鉴（2022）》，截至2021年底，我国共有直辖市4个，副省级城市15个，地级市283个，自治州30个；我国县级行政单位有2862个。因此，我国城市（含县城）有3000个左右。城市所产生的垃圾与农村的垃圾通常有三个方面的不同：一是垃圾的成分构成有差异，例如城市生活垃圾，除厨余垃圾外，还有包装垃圾、电子垃圾、建筑垃圾等；二是垃圾人均产生量有差异，城市人口密集，消费水平较高，垃圾产量大，在有限的空间中垃圾处置的需求更迫切；三是垃圾处置的场景也不同，农村空间大，厨余垃圾可以直接填埋沤肥。

### 1.3.2 城市固体废弃物

比起“城市生活垃圾”来说，“固体废弃物”或“城市固体废弃物”是一个出现得更早也使用更频繁的词语，例如，美国的城市固体废弃物管理系统（municipal solid waste management system，MSWM）中就用到了“城市固体废弃物”一词。我国的相关法律将其界定为“在生产、生活和其他活动中产生的丧失原有利用价值或者虽未丧失利用价值但被抛投或者放弃的固态、半固态和置于容器中的气态的物品、物质以及法律、行政法规规定纳入固体废物管理的物品、物质”。[①] 而“城市生活垃圾”分属于城市固体废弃物的内容，其相关关系可以通过图1－1表示。

---

① 中华人民共和国固体废物污染环境防治法［EB/OL］. 中华人民共和国中央人民政府网，https：//www.gov.cn/xinwen/2020－04/30/content_5507561.htm，2020－04－30.

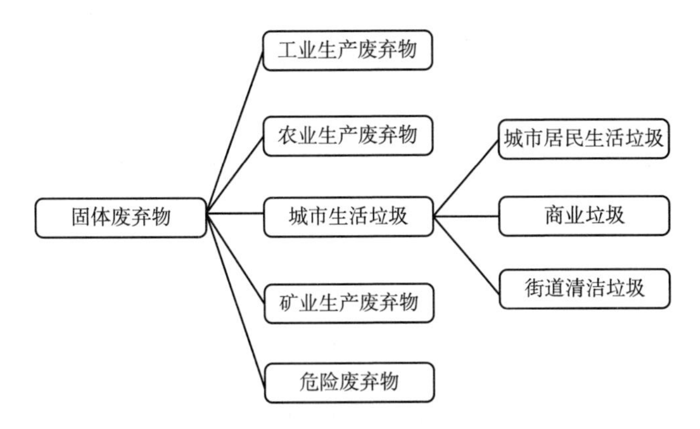


**图1-1 固体废弃物、城市生活垃圾与居民生活垃圾**

资料来源：笔者根据固体废弃物构成绘制。

### 1.3.3 城市居民生活垃圾

对城市生活垃圾按产生源来分类，它包括居民生活垃圾、餐饮酒店等经营性垃圾、街道清洁垃圾等。从数据占比来看，通常居民生活垃圾占城市垃圾总量的60%左右，商业垃圾约占20%，街头清洁垃圾约占10%，其余占10%左右。具体地，这一构成会因城市规模、流动人口比率、发展水平、居民消费习惯等因素而有所差异。

城市居民生活垃圾是指，城镇居民在日常生活中所产生并丢弃的固体废弃物。目前，我国城市居民生活垃圾按四类分，即可回收垃圾、厨余垃圾、有害垃圾和其他垃圾。可回收垃圾是指，有回收利用价值的生活垃圾，如塑料、金属、纸类和玻璃等，可回收垃圾有其经济性，通常会被家庭、拾荒从业者等自动回收。厨余垃圾是指，餐饮食品业所产生并遗弃的易腐蚀的有机垃圾，现阶段我国城市居民生活垃圾中厨余垃圾占比约60%，因此它是垃圾处理的“大头”，厨余垃圾可用于堆肥或者油料回收。有害垃圾是指对人类健康和生活环境产生直接或间接危害的生活垃圾，如废电池、过期的药物等。其他垃圾是指，除可回收物、厨余垃圾和有害垃圾以外的生活垃圾。本书以城市居民生活垃圾为研究对象，在后文中若无特别提及，文中所涉及的“垃圾”“生活垃圾”等特指城市居民生活垃圾。

## 1.4 垃圾分类所涉及的基层组织

街道办、居委会、社区是实施垃圾强制分类中重要的组织，有物业管理的社区中物业公司也是重要的角色。因此，对几个组织进行概念上的厘清，对于后续的研究开展是必要的。

### 1.4.1 街道办事处

街道办事处，简称“街道办”，是我国在城市行政区的基层行政机构，是地方基层政府在城镇的派出机构，是我国乡镇级的行政区街道的管理机构。我国城镇化过程中，城市边界在不断扩大，不少区域属于“城乡接合部”，在这种区域的街道办事处，它同时辖有城市社区与农村村委。在我国自上而下的“压力传导型”的科层组织管理模式下，街道办事处是最基层的行政机构，通常处于“上面千根线，下面一根针”状态，它需要落实上级各种工作任务。这一特点也同样体现于垃圾分类的管理工作，例如，在市地方性法规出台后，通常由各市政府统管，由市政府相关工作部门负责（如广州市的城市管理和综合执法局、上海市的城市绿化和市容管理局），将任务分到各行政区，再到各街道办事处。从行政命令在行政机构的传递来看，街道办事处是最低级别的行政机构，它常常是考核检查的最基层单位。街道办事处是政府派出机构，它具有执法权，可以对违规投放垃圾的单位或个人进行行政处罚，这点区别于居民委员会与社区。

### 1.4.2 居民委员会

居委会，又被称为“社区居民委员会”“社区居委会”，对应农村社区的“村委会”。依照《中华人民共和国城市居民委员会组织法》，居民委员会由居民选举产生，“居民委员会主任、副主任和委员，由本居住地区全体有选举权的居民或者由每户派代表选举产生”，[①] 居委会通常由五至九人组

---

① 中华人民共和国城市居民委员会组织法［EB/OL］. 全国人民代表大会网站，http：//www.npc.gov.cn/zgrdw/npc/xinwen/2019－01/07/content_2070251.htm，2019－01－07.

成。从法律上看，它由民主选举产生，是能实行自我管理、自我教育、自我服务、自我监督的基层群众自治组织。街道办事处与居民委员会之间是“指导与被指导”关系，具体表现在：首先，居民委员会的产生由街道办事处指导；其次，居委会的运营与活动经费由街道办事处拨付，使用过程要向街道办申报与批准；最后，街道办事处的很多行政性工作也必须依赖居委会去推行。因此，街道办事处与居委会之间由理论上的、法律上的“指导与被指导”关系，成为“领导与被领导”关系。这一点也体现在垃圾分类的推行与政策实施上。

### 1.4.3　社区

社区通常是指，生活在同一地理区域内、具有共同意识和共同利益的社会群体。社区并不属于行政机构，它是基于一定地理范围的基层生活群体。社区是社会有机体最基本的组织，它通常有四个要素：地理要素，即共同的区域；经济要素，即共同的利益；社会要素，即具有一定的社会交往；社会心理要素，即具有一定的认同意识与观念。

从治理架构来看，居民委员会、业主委员会、物业公司被视为社区治理的“三驾马车”。业主委员会是由小区或住宅楼的业主自愿组成的一个组织，旨在代表和维护业主的利益，但业主委员会在运行过程中，也常常陷入代理人失控、缺乏约束等困难，经常出现“扯皮”，甚至被寻租。在社区治理中，物业公司是一支重要力量。在理论上，物业通常由业主委员会遴选、委托代理行使小区物业管理，具体包括清洁绿化等物业服务提供、社区活动组织、小区安全保障，并借此征收物业管理费，并负有做好费用合理使用、财务透明管理的义务。

从理论视角来看，推动我国城市生活垃圾分类的应当主体是家庭。首先，垃圾是环境品，其具有负外部性，从消除外部性的视角、“污染者治理”的理念来看，家庭是垃圾的产生者，也必然是垃圾分类与减量的责任人。但家庭或者居民，是社会的最小构成单元，是数量最多又微观的垃圾分类政策执行者。其垃圾分类行为难以观察、垃圾分类效果难以控制。因此，垃圾分类中所涉物业公司、社区居委会在垃圾分类管理中常成为事实中的责任主体。

## 1.5　垃圾分类的政策工具

推行居民生活垃圾强制分类，需要借助多方力量、多种工具来实现。尤其是我国的政策工具是为了解决社会问题的政策目标而采取的具体手段和方法，其核心是如何有效地采取集体行动。政策工具成为连接政策目标与政策结果之间的纽带，政策工具的选用对政府既定政策目标的达成具有决定性影响。在政策工具的类型划分上，有研究者将其分为三类，即自愿性工具、混合性工具以及强制性工具（迈克尔·豪利特，2006）；也有分为四类的，即行政手段、法律手段、经济手段与思想教育手段（张璋，2006）。在借鉴刘传俊等（2022）研究的基础上，可将社区生活垃圾分类政策作三种分类，即行政性工具、经济性工具和社会性工具，将其梳理为表1－1。

**表1－1　　城市居民生活垃圾分类政策工具类型**

| 序号 | 政策工具 | 工具类型 | 工具作用的中介条件 | 政策工具的目标功能 |
|---|---|---|---|---|
| 1 | 健全法规 | 行政性工具 | 通过立法、执法，有法可依，有法必依，执法必严 | 构建现代化社区生活垃圾治理体系 |
| 2 | 组织领导 | | | |
| 3 | 督检考核 | | | |
| 4 | 责任制度 | | | |
| 5 | 行政处罚 | | | |
| 6 | 收费制度 | 经济性工具 | 引入市场，借助价格，以经济杠杆助力 | 控制社区生活垃圾治理成本、提高治理效率 |
| 7 | 奖惩机制 | | | |
| 8 | 市场准入 | | | |
| 9 | 政府补贴 | | | |
| 10 | 税收优惠 | | | |
| 11 | 宣传引导 | 社会性工具 | 利用教育、道德等民众的社会性诉求 | 形成普遍性垃圾分类价值观，促使垃圾分类成为民众的内在规范 |
| 12 | 教育培训 | | | |
| 13 | 社会监督 | | | |
| 14 | 志愿活动 | | | |
| 15 | 信息公开 | | | |

资料来源：笔者整理。

### 1.5.1 行政性工具

行政性工具依靠政府职能和权威、由政府提供，包括制定法律提供制度、建立组织负责实施、建立责任制度、督检实施情况、对未能遵守的实施行政处罚等形式。行政性工具，通常是政府基于国家发展的视角进行总体规划和战略判断，如全球变暖趋势下“碳达峰”的压力、城镇化快速推进后的生活垃圾治理以实现可持续发展、民众对美好生活的向往、中国式现代化要求人和自然和谐发展等原因驱动，政府通过立法确定政策规范，通过执法来实现政策落地。总之，行政性工具的目标功能是构建现代化城市生活垃圾治理体系，使得生活垃圾强制分类有法可依、执法有效。

### 1.5.2 经济性工具

经济性工具是引入市场因素，借助价格机制，通过经济手段来优化垃圾分类处理涉及的资源配置。经济政策工具较行政命令有市场独特的敏锐性与灵活性，在某些领域也有更高的配置效率。经济性政策工具，由政府给出引导性政策，在垃圾分类企业、垃圾分类领域等给相关企业或居民以差别性收费制度、市场准入制度，或者力度不同的政府补贴、税收优惠等。借助价格机制，实现政策性引导，经济性工具会比行政性工具显然更具柔性，也给被规制者选择空间，但其影响更细致、更深入。尤其是经济性工具给居民形成了参与垃圾强制分类的激励，如奖励为正向激励，而惩罚为负向激励。

### 1.5.3 社会性工具

社会性工具是在政府引导下，借助志愿者组织、学校等社会力量或其他柔性的方式，如社区内的舆论监督、信息公开等，通过引导教育等培育公众的垃圾分类意识，增强公众的垃圾分类知识。社会性工具旨在将垃圾分类内化为居民自身的价值取向，并在社会范围内形成长期稳固的、可代际传承的分类行为认知，目的在于让垃圾分类最终成为民众内心认可、行为坚守的行为规范。社会性政策工具有助于引导公众形成普遍性的垃圾分类价值观。

我国自 2017 年开始启动、2019 年 7 月在上海正式实施针对居民生活垃圾的强制分类，标志着我国居民生活垃圾正式进入“强规制”时代。在政策推行的过程中施以多种政策工具。以行政性工具为基础，借助立法与执法给被规制者以硬性约束；经济性工具和社会性工具分别借助市场与社会的力量，构成对行政性工具的功能补充，三者构成完整而立体的、多元参与的规制体系。

## 1.6 本书的思路与逻辑结构

本书共 11 章，除第 1 章“引言”、第 11 章“结论与政策建议”之外，主体内容有 9 章，由四个模块构成，即研究准备模块、理论研究模块、实证研究模块、政策构建模块。研究准备模块，为全书的研究提供垃圾分类的研究坐标、政策场景等；理论研究从理论抽象的角度来分析家庭在垃圾分类政策实施时，经济性与社会性的作用如何影响政策效果。实证研究模块从个体行为探究、社区分类管理的视角来分析我国现阶段的垃圾分类政策实施。政策构建模块则是基于垃圾分类政策效果的现实起点、政策运行的逻辑起点、政策推行的阻力点分析完成。本书的内容安排与逻辑如表 1－2 所示。

**表 1－2　　本书的内容安排与逻辑**

| 章节名称 | 简要内容 | 在全书中的功能 |
|---|---|---|
| 第 1 章 引言 | 选题背景、提出问题、界定研究对象、阐述核心概念与全书的逻辑、简介各章内容 | 为全书提供阅读导引 |
| 第 2 章 文献综述 | 对与本书主题相关的研究进行梳理，梳理研究脉络，提供研究的参照系 | 研究准备模块。为将展开的研究提供参照系，第 2 章为文献综述，梳理已有相关文献；第 3 章旨在从企业与家庭角度来阐述实施规制的必要性；第 4 章从现状角度来介绍政策的发展与实施 |
| 第 3 章 垃圾处理规制的必要性：经济学分析 | 对现有的垃圾处理模式作经济学分析，分析对城市生活垃圾处理实施规制的必要性 | |
| 第 4 章 城市生活垃圾规制：我国政策及其实施 | 分析垃圾处理相关政策，国内实施现状、国际经验，为本书研究提供政策的参照 | |

续表

| 章节名称 | 简要内容 | 在全书中的功能 |
| --- | --- | --- |
| 第 5 章 两种经济激励模式的有效性比较分析 | 从家庭经济决策角度分析实施按量计费与回收补贴这两种经济激励措施的垃圾减量效果，对家庭作经济视角的短期分析 | 理论研究模块。分别从居民个体经济决策角度来分析经济激励对家庭垃圾分类行为短期决策的影响；以社区为研究场景实施演化博弈来分析经济激励、声誉激励对社区垃圾分类状态的长期效应 |
| 第 6 章 社区视角下垃圾分类行为的演化与经济激励 | 将家庭置于社区背景，分析家庭之间的分类行为如何相互影响、共同演化，将垃圾分类置于社区场景、演化博弈作长期分析 | |
| 第 7 章 社区视角下强制分类的声誉激励 | 社区场景下开放式社区的声誉激励如何、能否改变社区环境的演化博弈稳态 | |
| 第 8 章 强规制条件下垃圾分类行为的影响因素研究 | 在调查问卷的基础上提取数据，分析居民的垃圾分类行为受哪些因素的影响，呈现个人行为 | 实证研究模块。对垃圾分类的个体行为影响因素、社区场景垃圾分类政策的实施案例进行分析 |
| 第 9 章 家庭参与生活垃圾强制分类的社区实践 | 在社区调研的基础上选取四个实施案例，分析垃圾分类管理与社区运行，呈现社区状态 | |
| 第 10 章 家庭参与垃圾强制分类的激励机制构建 | 在研究准备、理论研究与实证研究的基础上，把握我国现阶段垃圾分类政策实施现状，构建激励机制 | 政策构建模块。在理论分析与实证研究基础上完成理论构建 |
| 第 11 章 结论与政策建议 | 全书的研究结论、政策建议与研究不足 | 全书总结与反思 |

资料来源：笔者整理。

## 1.7　本书各章内容简介

本书研究的主线是：以家庭为研究对象，以实施强制分类为政策背景，以社区为家庭分类行为的外在环境，构建模型研究经济激励和声誉激励如何影响家庭的行为决策并最终如何影响社区的环境投放状态。在理论分析基础上，采用问卷调查、社区调研等方式获得数据与资料，通过对数据与资料的实证分析、案例剖析，对我国城市生活垃圾分类政策实施现状进行分析与把握，并据此构建促进家庭有效参与垃圾分类的激励机制。本书共设立 11 章，各章内容简要介绍如下。

第 1 章引言，介绍本书的选题背景、提出要研究的问题、界定书中所要研究的对象与所涉的重要概念，廓清全书的逻辑结构，对各章进行内容简介。在全书中，该章节的功能是为全书提供阅读向导。对本书所要涉及的研究对象、研究主题、研究背景进行梳理归纳与介绍。

第2章文献综述，对垃圾分类相关理论发展等文献进行梳理归纳及简要述评。相应地，该部分的理论综述也围绕上述问题的背景理论与工具而展开。文献综述部分安排如下：首先是政策工具概要性研究、政策性工具的三种分类及其效应，即行政性政策工具、经济性政策工具与社会性政策工具；其次是垃圾分类背景下我国社区研究、垃圾分类行为的研究、我国垃圾分类管理的研究。在全书中，该章节的功能是为全书提供理论基础，为本书所要研究的问题提供“参照系”。

第3章垃圾处理规制的必要性：经济学分析。在对现有的垃圾处理模式作经济学分析的基础上，提出对城市生活垃圾处理实施强规制是政策的必然选择。在城市生活垃圾固定收费模式+倡导垃圾分类的管理模式下，从经济上看，家庭没有主动分类与减量的动机，企业没有来自消费端的“降废”的驱动；从约束力上看，垃圾分类的“倡导”对家庭、企业这两大与垃圾产生相关的主体方不构成硬约束；从我国城市生活垃圾产生的趋势来看，强化垃圾分类的规制有政策上的必要性；从我国城市生活垃圾的构成来看，垃圾分类具有其经济性。

第4章城市生活垃圾规制：我国政策及其实施。对我国城市生活垃圾处理的政策法规，一是梳理我国垃圾处理的全国性政策，为研究主题提供政策迁延的纵向脉络；二是了解相关的国际经验，为本书的研究提供一个横向的政策参照系；三是对我国实施强制分类政策由先行先试再到全国地级市、全国城市实施进行介绍，并分析其阶段性政策目标；四是对我国城市生活垃圾处理收费水平与计价模式进行收集与分析，反映我国对垃圾分类“收费激励”实施的广度与强度。因此，本章在全书中的功能是，为构建促进家庭有效参与居民生活垃圾强制分类的激励机制这一研究主题提供政策的纵向脉络、国际的横向参照、具体的实施背景。

第5章两种经济激励模式的有效性比较分析。按量计费常被作为强制分类的支持配套政策。住建部规章、北上广三市的地方性法规，都明确要完善生活垃圾处理收费制，以“计量收费”作为政策目标，以此来激励或约束垃圾分类。我国现有垃圾处理收费绝大部分是固定收费制，少量城市实施按量计费、固定收费条件下的垃圾回收补贴。相对于前者，后两者构成对垃圾分类的经济激励。在第 5 章，对后两种经济激励模式作了比较分析。在给定工资水平与物价水平条件下，家庭面临时间约束、收入约束条件，在效用最大化的目标函数下，按量计费或回收补贴两种经济激励的实施，会导致家庭在垃圾分类上的时间投入决策发生改变，进而影响家庭环节的垃圾回收量与垃圾抛投量。该章分别分析了家庭在零激励（固定收费）、有激励（按量计费、回收补贴）模式下的时间投入、垃圾减量效应，以及工资等因素对这些量的影响；以固定收费模式为参照基点，对按量计费与回收补贴两种激励方式的有效性作了比较分析。

第 6 章社区视角下垃圾分类行为的演化与经济激励。人既是经济人，也是社会人，以人构成的家庭同样具有这二重属性。第 5 章是分析家庭在私域环境下基于成本收益分析就垃圾分类作出决策，第 6 章将家庭置于社区环境下，分析社区环境下邻里之间博弈导致合作或者不合作。利用演化博弈的分析方法来分析开放型、封闭型两类社区环境下，邻里之间垃圾分类行为的相互影响、共同作用，利用 ESS 分析可分析不同社区、不同影响因素（如垃圾分类难度、收入水平等）下的稳态水平，并借助仿真图来呈现达到稳态的演化速度与演化时长。并以理论模型与仿真呈现，对开放型社区、封闭型社区对强制分类实施抽检—罚款式经济激励，将如何改变稳态达到的过程和稳态结果进行分析。

第 7 章社区视角下强制分类的声誉激励。在开放式社区实施强制分类，违规投放会快速地成为普遍选择。环境道德增强、邻里间社区联系增强、互动增多，有助于强化声誉激励机制。环境道德与声誉激励，二者构成隐性约束，可对开放式社区现实的弱约束构成有力补充，有助于降低违规投放。因此，第 7 章邻里间“道德约束”效用化，将体现于邻里博弈的收益矩阵。通过 ESS 分析和仿真图分析，道德教育与声誉激励能改变开放型社区的稳态。在“抽检—罚款”和“道德强化”的经济激励、声誉激励共同作用下，在开放型社区实施强规制，是“前途光明”的，但需要较长久地坚持。数字社区可以赋能社区治理，促进社会融合，消减时空对人际互动交流的限制，改变社区内公共事务治理模式。数字社区环境下，家庭对称博弈的收益改变，演化稳态结果与仿真图显示，开放型社区垃圾分类也能“较快”地获得理想解决，达到绿色低废结果。

第 8 章强规制条件下垃圾分类行为的影响因素研究。规制背景下个体的垃圾分类行为是城市垃圾分类效果的微观基础，因此垃圾分类行为的影响因素是垃圾分类效果研究所关注的方向。依照计划行为理论，对垃圾分类的行为态度、主观规范、感知行为控制会影响垃圾分类行为。第 8 章在设计问卷、获得调查数据、对数据进行实证分析的基础上，探讨当实施强规制时研究主体的垃圾分类行为受哪些因素的影响，其影响路径、影响强度分别如何。针对 1155 份广州市高校学生的有效调查问卷，利用结构方程模型对其数据进行分析，研究发现行为态度对垃圾分类行为无显著影响；主观规范对行为影响最大，其次是感知行为控制。个体的垃圾分类行为受室友的影响大于受家人的影响，而学校对垃圾分类行为设有奖惩对垃圾分类行为的预测力最大。

第 9 章家庭参与生活垃圾强制分类的社区实践。在第 4 章分析了我国的垃圾分类政策如何形成一个逐步清晰、由点至面政策推行路径。在第 5 章至第 7 章对家庭作为"经济人"和"社会人"在强规制背景下的行为选择作了理论分析。在第 8 章以个体为研究对象以实证来刻画垃圾分类行为的影响因素。第 9 章则进一步地以案例呈现垃圾分类政策如何逐步进社区、进家庭，促使民众行为改变。在内容设置上，先对我国城市生活垃圾分类政策实施与管理体系进行了一般性介绍，讨论社区主导力量如何影响社区治理模式；而后选取了四个典型案例进行剖析：前三个分别是封闭型特征社区北京 J 小区、开放型特征社区广州 H 街道、"城乡接合部"特征社区青岛 C 街道，第四个案例基于对杭州市 L 物业的调研，以物业公司的视角呈现物业公司与公益组织合作的"第三方力量主导模式"如何推进垃圾分类。

第 10 章家庭参与垃圾强制分类的激励机制构建。在前文研究准备、理论分析与实证研究的基础上，构建促进我国家庭参与垃圾分类的激励机制。本章安排的逻辑如下，第一节分析我国垃圾分类政策效果及其背后的驱动因素，这是实施激励机制的现实起点；第二节分析我国垃圾分类政策体系有三大分置的主体，此为激励机制设计的逻辑起点；第三节分析我国垃圾分类政策在推行过程中出现的"阻力点"；第四节在现实起点、逻辑起点、阻力点分析基础上，构建起经济激励、声誉激励、环境教育、负激励的垃圾分类激励机制。

第 11 章结论与政策建议。在理论分析、实证检验、案例研究与政策构建的基础上，提炼出全书的结论、基于研究的政策启示，以及本书的不足和后续研究的方向。

| 第 2 章 |

# 文献综述

如前所述，本书旨在构建促进家庭有效参与居民生活垃圾强制分类的激励机制。本书以我国对城市居民生活垃圾实施强制分类为政策背景，政府通过一系列政策工具来促进家庭参与垃圾分类，包括行政性工具、经济性工具和社会性工具。社区是我国城市生活垃圾分类的重要场域，社区的环境、类型等因素直接影响居民垃圾分类行为的选择，故社区是一个重要的环境因素。因此，本书以家庭为研究对象，以实施强制分类为政策背景，以社区为家庭分类行为的外在环境，构建模型研究经济激励和声誉激励如何影响家庭的选择，并基于问卷调查数据、社区调研、地区数据等对我国生活垃圾强制分类典型案例给予分析，构建促进家庭有效参与垃圾分类的激励机制。

相应地，该部分的理论综述也围绕上述问题的背景理论与工具而展开。文献综述部分遵照如下安排，首先是政策工具概要性研究、政策性工具的三种类型及其效应，即行政性政策工具、经济性政策工具与社会性政策工具；其次是垃圾分类下对我国社区的研究、垃圾分类行为的研究、我国垃圾分类管理的研究。

## 2.1　环境的政策工具

### 2.1.1　政策工具的分类

政策工具研究在 20 世纪 70 年代开始兴起，随着环境问题的突出，对环境政策工具的研究随着社会实践层面的需求而增长。政策工具是指为了解决某个问题、实现某个目的，由政府引导或提供的具体手段和方法，其目的在于有效地促进某项集体行为。政策工具是政策目标和政策结果间的连接器，其选用对政府既定政策目标的达成具有决定性影响（王炎龙和刘叶子，2021）。环境政策工具具有规范环境行为、减少污染排放、促进资源节约和循环利用、保护生态、提升环境意识和强化环境教育的功能（伯特尼和史蒂文斯，2004）。

在政策工具的类型划分上，早期有西方学者按照国家干预力度和政策强弱，将十种工具划分为三类，即自愿性政策工具、混合型政策工具、强制性政策工具（豪利特和拉米什，2006）。我国有学者在此基础上，增设了次级政策工具，增加了权威性工具和诱因型工具（朱春奎，2011）。随着公共政策工具研究的增加，国内学者结合中国实践对政策工具有新的表述与不同的分类，代表性的有陈振明（2004）的三类分法，即市场化工具、工商管理技术、社会化工具；张璋（2006）将政策工具划分为四类，即行政手段类、经济手段类、法律手段类、思想教育手段类。

沈满洪（1997）认为，旨在解决环境问题的环境经济手段大体上可分为两类，一类侧重于借助政府干预的方式，常被称为庇古手段；另一类侧重于借助市场机制的方式，常被称为科斯手段。庇古手段包括税收、补贴与押金退款，而科斯手段包括自愿协调与排污权交易。后来，学者们又逐步将社会性工具也纳入其中。有研究者以工具能提供“资源”的类型为分类标准，将政策工具分为五类，即管制型政策工具、经济型政策工具、信息型政策工具、动员型政策工具以及市场化政策工具（徐媛媛等，2011）。刘传俊等（2022）提出，将社区生活垃圾分类政策作三种分类，即权威性工具、经济性工具和社会性工具。上面介绍了对政策工具进行分类的方式，虽然实践情景中各政策的描述与界定不同，分类的类别数量与内容也各有差异，但其共同之处在于，基于政策的执行情景来分类，从权威性、经济性、社会性维度进行细分。

### 2.1.2 “命令—控制”型政策与市场型政策的对比

在政策工具中，最常见的有“命令—控制”型政策和市场型政策，例如，本书要聚焦的强制分类就属于前者，按量计费就属于后者。

经济学中的自由派更青睐于市场型政策，认为它能超越传统的“命令—控制”方法，因为其具有两个方面的优势：市场型政策具有更低的成本，更高的政策效率，市场型政策能促进技术革新并能激励这种技术革新持续扩散。环境经济政策的有效性取决于其规制的设计与规制的执行，如果规制得到完美的设计与执行，纵然厂商以追求自身利益为目标，但政府依然可以实现环境政策目标。通常人们认为，“命令—控制”型政策比起科斯手段，会导致更高的成本，产出替代效应不能充分发挥，而且，收入循环和税收相互影响使得制度成本更高。

环境经济政策所产生的刺激效果取决于该政策对所影响行为的弹性（若将其理解到垃圾分类减量上，则为垃圾分类行为对价格弹性、对补贴的弹性、对收入的弹性等），弹性越大，则效果越显著。环境经济政策的有效性，还受其他因素的影响，如信号的强度水平（如垃圾的收费水平）、替代品或替代方案的可得性等。换言之，政策效果就是受政策强度（自变量大小）与弹性（因变量对自变量反应程度）大小的影响。

### 2.1.3　环境税及其效应

环境税的概念最早是由英国经济学家庇古提出的，他认为环境税是把环境污染和生态破坏的社会成本，内化到生产成本和市场价格中去，再通过市场机制来分配环境资源的一种经济手段。通过征收环境税，使企业的私人成本和社会成本一致，从而实现社会收益的最大化。后来环境税（庇古税），被泛指为针对污物排放的数量和质量征收的各种税费的统称。到目前来看，发达国家征收的环境税主要涉及水污染、大气污染与固体废物污染三个方面。2011 年 12 月，财政部同意适时开征环境税。从理论上讲，垃圾税是包含在环境税中的一个子税种，其含义和功能与环境税极为相近。垃圾税主要是针对垃圾排放导致环境污染的行为而课征的税种，用于矫正垃圾排放带来的环境负外部性，促进垃圾的减量化和资源化。

在分析庇古税的效应过程中，“双重红利”的假说被广泛接受。该假说认为，对如环境污染等具有负外部性的行为征收“庇古税”，一方面，可以将外部性内部化，纠正资源配置的扭曲；另一方面，还可以降低污染的排放，进而改善环境质量。这两个方面都有助于社会福利的提高，可分别归为效率红利和环境红利，故称为“双重红利”。在环境税的研究还没有涉及“环境红利”的相当长的时期内，有关环境税的研究集中在“庇古税”对外部性的纠正上。科斯认为，只要产权清晰，外部性可以获得解决。污染者付费的原则（polluter pays principle，PPP）没有对哪些当事人应该算作污染者给予准确的界定，而把对污染者的识别留给国家权力机关进行决定，且 PPP 原则没有明确指明污染者需要支付多少。郝兰德（Holland，2012）对排放税与排放市场可能的失灵及其纠正进行了研究，他认为在不完全的监管条件下，最佳的碳排放税或设置排放上限可能并不是良好策略。因为隐藏的输出补贴导致的低效率，可以消除额外的消费税。

## 2.2　对生活垃圾处理收费的研究

### 2.2.1　垃圾处理收费定价的理论研究

对垃圾收费促进城市生活垃圾减量的相关研究兴起于 20 世纪 70 年代。总体而言，从研究方法上主要有两类：一类是借助经济学基础理论与数理模型对垃圾收费予以理论分析；另一类是运用计量方法或案例研究对减量效果予以量化检验。从研究内容上来看，已有研究注重各种公共政策措施的理论分析与实证检验，逐步出现了垃圾收费与其他政策配套实施的研究。按量计费是被认为既能体现公平又能保证效率的收费方式。在现实中尚未广泛实施时，对按量计费的理论研究就兴起了。学者们倾向于探讨按量计费制度对居民行为产生的影响，有研究通过建立理论模型，比较分析定额收费与按量计费两种方式对居民控制垃圾产生量的影响，结论显示，按量计费可促进住户减少垃圾排放（Wertz，1976）。基于市场的公共政策对住户的刺激效果，取决于排放行为的弹性，如价格弹性、补贴弹性、收入弹性等，收费水平的高低，以及替代品或替代方案的可得性。污染者付费的原则没有对污染者给予准确清晰的界定，把污染者的识别权交给相关行政管理者，没有明确污染者需要支付的成本等，这些都会削弱环境经济政策的效率。相对于传统的命令，垃圾收费具有低成本、高效率特点；若能完美地设计和执行，将会取得良好的社会效益。针对居民采取非法倾倒的方式，“押金—返还”这种带有一定惩罚性的制度设计更有效（Holland，2012）。

国外有学者针对规避庇古税作了实验经济学分析，在单一市场价格实验中，庇古税被认为既可以实现环境保护，也是政治上可行的工具。但在监管不完善的条件下，相关利益方对环境税采取规避的行为，通过价格规制这一工具来实现优化配置资源的效果会受到影响。支持增加税收的群体比起反对庇古税的群体小，在民选的政治环境下，征收环境税可能会导致选民支持率的降低。

国内也有学者比较按户收费和按量计费两种模式，认为后者具有明显的减排效果（江源，2001）；有研究计算了垃圾处理的社会成本，由此推算出垃圾处理费用在居民家庭收入中所占的比重，认为实行垃圾按量计费经济上是可行的（陈科等，2002）。基于城市调查的数据，我国城市生活垃圾的收费标准低于垃圾处理成本，导致体系低效，政府支出沉重（李乾杰，2004）。连玉君（2006）的研究结果显示，在考虑边际环境成本的基础上确定垃圾收费定价，会促使居民加大垃圾分类与减量的努力，甚至改变生产者行为。郭守亭和王建明（2007）在考虑垃圾的负外部性基础上进行博弈分析，纳什均衡结果显示在最优点上个人边际成本小于社会边际成本，均衡时排放的总垃圾量超过社会最优垃圾量。曹娜（2010）以“收入弥补成本”的思想，采用两部定价法对我国的垃圾处理建立了混合处理方式下的收费价格模型。

### 2.2.2　垃圾处理收费减量效果的实证检验

关于垃圾按量计费是否会导致垃圾的减量效果，不少学者通过将垃圾按量计费与垃圾产生量二者之间的数量进行计量分析，作了相关的实证检验。由于样本选取或者实证方法的差异性等原因，或者由于各国各城市的差异性，各研究结论不尽一致。

有研究发现城市生活垃圾的按量计费能有效促进垃圾的减量。一项以美国城市家庭为样本的研究显示，按量计费制度可提高生活垃圾中的循环利用率，可以促进源削减；垃圾按量计费后可降低垃圾的投放量。垃圾减量是源于垃圾产生量的削减、产生后的分类回收、有机垃圾的堆肥，这三种方式对垃圾减量效果各贡献约1/3。但也有研究得出了相反的结论，即按量计费不一定能有效促进垃圾的减量，如有研究对美国、英国城市的数据进行分析，结果显示，居民对垃圾服务的价格弹性偏低，换言之，当垃圾产生后，垃圾的按量计费对居民减少垃圾排放的行为影响很小（Jenkins，2003）。还有学者认为，按量计费制度实施后垃圾排放量之所以显著降低，是其他因素的贡献，比如政府的分类回收促进计划，或者社区内回收网络的完善等。也有学者对配套措施进行了研究，如有研究发现，当配合分类回收计划时，废物回收率比单独实行按量计费制时高近一倍（Callan & Thomas，1997）。另有研究结果显示，垃圾按量计费可能导致"非法倾倒"现象。实行垃圾按量计费制度后，样本中垃圾源头减量可能因为非法倾倒，而不是因为少产生垃圾或者垃圾分类而导致的减量。若在一个废弃物非法倾倒不严重的环境里，对固体废弃物收集和处理进行直接付费是解决市场失灵的首选策略（Portney，2011）。

也有学者从按量计费有效性的条件展开研究分析。如通过基于3017个韩国家庭调查数据的研究分析发现，在按量计费与强有力的回收项目实施的最初阶段，垃圾减量效果是相当显著的（Hong，1999）。为探讨垃圾按量计费的价格激励效果，该研究通过建立联立方程分析垃圾产生量与回收总量之间的关系，发现垃圾收集的费用上升会促使家庭环节的垃圾回收量增加。但家庭对垃圾处理服务需求价格弹性低，减量效果最终并不会太明显，除非管理部门有相应的增加回收便利程度的配套服务。换言之，垃圾按量计费规制手段需要辅以垃圾回收便利程度增加的配套政策，其效果才更为显著。

还有研究者认为，按量计费的垃圾处理费模式，与其说减量效应依赖于其经济杠杆作用，不如说更依赖于按量计费制度所传递出来的信号：当家庭面临垃圾按量计费时，家庭更可能在消费前（垃圾产生前）通过改变其购买习惯或其他消费习惯来降低垃圾增量，而非在消费行为后（垃圾产生后）去消化垃圾存量。

### 2.2.3 垃圾处理收费对减量效果影响的理论分析

垃圾的按量计费会导致垃圾的减量效应，但有很多实证研究结果并不明显，例如，有研究针对美国8个大中城市社区中高收入家庭的调查（Jenkins et al. , 2003)，基于 1049 个有效样本量数据分析显示，垃圾按量计费对城市生活垃圾的产生并无明显的减量效果。梳理相关文献内容，垃圾按量计费对垃圾减量效果不明显的原因，大体有以下四个方面。

（1）垃圾收费相对低。对于高收入者来说，垃圾按量计费相对于高工资率而言，低收费水平不足以改变其垃圾投放的行为。将时间用于垃圾分类与回收所节约的单位时间收益，远低于该家庭将该时间用于工作时收益，即工作时薪，因此家庭宁愿用这时间去工作，而不愿意在垃圾分类回收上投入时间。

（2）垃圾付费后让投放者更“理直气壮”，会导致投放者自身对垃圾产生的内在约束弱化。在环保意识较强的国家，人们会因为自身产生垃圾影响环境、消费资源而产生“愧疚”，故而会对自身的垃圾产生与抛投有一种内在的自我约束。但当垃圾实施按量计费，会让垃圾投放者认为自己进行了“付费”，就是对垃圾处理服务进行了购买与支付，反而会导致他们投放垃圾心安理得，不利于垃圾减量。

（3）垃圾分类的难度大。家庭不愿意在垃圾分类上投入时间的另一个原因是垃圾分类的难度大，或者说，垃圾分类的便利程度低，导致家庭在垃圾分类上的成本高。例如，垃圾分类类别越多，要求越细；垃圾回收间隔周期长；家庭在分类后的贮存成本高等都将影响垃圾分类的效果。

（4）贮存垃圾的空间成本也是影响分类效果的重要因素。对于很多城市，要求垃圾在一周规定的时间按类投放，也就意味着有很多垃圾在产生后不能立马抛投，而要先分类贮藏。显然，分类贮藏占用的空间越大，分类投放等待的平均时间越长，则垃圾分类回收的效果越差。因此，研究也发现，房价水平高、人均住房面积小的城市垃圾减量化效果相对较弱，这可以理解为，在住房面积小的城市垃圾分类贮藏空间占用的机会成本大。

## 2.3　社区与垃圾分类

要研究家庭的垃圾分类行为，社区作为居民的生活空间、生活垃圾的产生地与投放地，必须给予关注。但社区不仅是行为发生的背景，还提供垃圾分类基础设施，如垃圾分类设施的完备性、给居民的舒适感、设置点的科学性与便利性都会影响居民的垃圾分类行为。社区文化也是重要的影响因素，从功能主义视角来看，社区文化因素所致的差异是决定性的（安德森，2003）。垃圾分类是以个体行为为基础的社会活动，应该更重视对微观个体心理与行为机制的研究，有助于发现更有效激发垃圾分类行为的方法措施。

### 2.3.1 “社区”的内涵

中文“社区”一词由社会学家费孝通创造，他提出社区是“地缘基础上结成的互助合作的群体”（费孝通，2005）。首先，它是基于地缘的，强调地域边界，具有“地域性”；其次，它是互助合作的群体，因此具有情感性，这种情感可能源于对特定地域的认同。这一概念随着社会的发展、相关研究的深入，内涵在不断地发生演变。“它是一定地域范围内的人们基于共同的生活空间、共享的文化观念以及社会关系纽带所结合在一起的人类生活共同体”（黎熙元和陈福平，2008）。这一概念，强调社区的“文化性”，同时，“人类生活共同体”的社区也是一定程度的利益共同体。这种文化，体现为村规地俗，也包括基于社会资本逐步形成的隐性或显性的非正式规范（杨秀勇和高红，2020）。

上述是“自然社区”的概念，事实上本书中垃圾分类管理的基本单位“社区”，它带有“行政社区”的含义。自然社区的形成缘于人口的自由流动或者聚集，而行政社区，是受到政府行政力量约束、便于行政管理而形成的。因此，本书中的“社区”具有四个性质：（1）有空间上的集聚，如共同居住一个物业小区；（2）他们是一定程度利益共同体，如在物业管理、交通便利等方面有共同的利益诉求；（3）会有一定的共同文化，如社区公约、社区娱乐等；（4）会有共同的“行政”架构管理，如社区基层党组织、社区居委会等。

### 2.3.2 社区融合

在社区这一特定地域中，成员互动所形成的环境氛围影响个体对某件事的心理评判与实际行为，它会促进社区融合。社区融合是“心理上的认同和行为上的互动”，包括对社区的情感依恋、归属感与群体认同等，并因此加入社区的社交网络，参与社区的公共活动等（廖茂林，2020）。社区融合是社区环境导致个体行为的改变，而个体行为基于六个维度的需要而展开，即生活、安全、利益、社交、尊重与自我实现（冯敏良，2014）。社区中的个体参与特定的公共事务时必然有其诉求，即基于这六个维度中的一个或多个需要。对于社区因素对居民行为的影响，可以更细致地分析其作用路径，一是通过影响居民的心理认知，由认知引发个人行为改变；二是通过行为与心理因素的调节改变行为。

邻里活动通常包括社会互动、情感联结和邻里认知（王诗宗和徐畅，2020）。社区的社会环境、居民间的互动是构成居民对社区的主体环境情感的要素和因素（王孟永，2018），直接影响居民对社区活动的参与度，进而影响社区融合度。社区融合程度可以通过社区认同、社区参与和社区支持三个方面来考察。传统老旧社区和单一单位式社区，因为社区规模小，人口结构单一以及较强的地缘、业缘关系，社区居民具有较强的社会互动，更容易形成集体认同，社区融合程度高。相对而言，商品房社区因为规模大、在人口结构、地缘与业缘上异质性强，社区互动弱，社区融合度低（杨秀勇和高红，2020）。

### 2.3.3　社区视角下的垃圾分类

社区是城市居民生活的主要场域，也成为其表达对垃圾分类价值认同、行为态度并采取相应行为的重要环境（廖茂林，2020），生活垃圾的管理必须立足于社区治理，我国社区人口密度比较大，尤其如此。社区有其情感性，社区成员对社区的情感依赖或认同度越高，对该社区环境的洁净、安全守护精神越强（彭远春和毛佳宾，2018）。社区机制对垃圾分类政策执行会产生作用（王诗宗和徐畅，2020）；垃圾分类行为的实施环境，如社区规模、社区环境以及社区内部的社会结构，都会影响城市生活垃圾分类的实施效果（李健和李春艳，2021）。社会信任能够通过降低公众环境保护的合作成本，增加消费者的预期收益，显著提升公众的环境保护意愿和增加实际环境保护行动。环境保护意愿是社会信任影响公众环境保护行为的重要影响机制与作用途径（张洪振和钊阳，2019）。依赖于以人际关系网络为基础、关键群体为核心动力的社会机制作用，垃圾分类政策可以在非强制状态下获得执行所需要的目标群体遵从（王诗宗和徐畅，2020）。

从行政社区的角度来看，街道与居委会依然是我国基层事务的事实领导者。以居委会为主体的社区组织未能成为社区居民的代言人，它一定程度上是基层政府延伸履行行政职能的触角。行政干预具有效率低而执行成本高的特点（钱坤，2019），只有借助社区融合、社会资本等促进民众行为改变，让垃圾分类行为从行政驱动转变为文化驱动，让居民从责任主体转变为行为主体，才能形成垃圾分类的长效机制。

## 2.4 居民垃圾分类行为的激励

### 2.4.1 经济激励与亲环境行为

经济激励是一种常见的政策工具，被广泛用于促进环境友好行为。例如，通过垃圾按量计费、阶梯水价和高峰电价等措施，可以在环境保护和节能方面产生积极效果。然而，学术界对经济激励是否能有效促进环境行为存在不同的研究结论。从经济学理论的角度来看，经济激励首先会通过价格效应对居民的环境行为产生影响。也就是说，经济激励的存在会改变居民对某项环境行为的相对价格，从而激励他们改变自己的行为。举例来说，对垃圾按量计费或对未正确分类的垃圾进行罚款，会鼓励居民更好地处理垃圾，减少自己的垃圾产生量。然而，人类是非完全理性的，他们的行为受到多种心理动机的影响（Meier & Biel，2011）。研究发现，外在的经济激励可能产生挤出效应（Rommel et al.，2015）。也就是说，外在的经济激励可能反而对行为产生负向的影响。例如，居民的环境行为在很大程度上受到他们自身的道德约束和内在使命感的驱使。垃圾付费后，投放者可能更倾向于认为他们已经通过支付费用为垃圾处理买了单，因此不会再对违规投放垃圾的行为感到有约束力。综上所述，尽管经济激励在促进亲环境行为方面具有一定作用，但其效果受到多种因素的影响，包括个体的理性行为、社会性以及道德约束等。因此，在实施经济激励政策时，需要综合考虑这些因素，并设计出更加有效的措施来推动环境友好行为的发展。

经济激励的价格效应和挤出效应对个体行为的影响主要受到内在动机、

外在激励和形象动机的影响，而且，三者之间存在相互作用机制（Ariely et al.，2009）。因此，经济激励可能会产生相反的效果，因为人们希望被视为关心环境的个体。然而，经济激励因为增加了个体利己的因素，可能会稀释亲环境行为。因为亲环境行为会被他人将其归因于货币激励的结果，进而降低了亲环境行为的形象动机。经济激励强度的大小，会影响激励最后表现出来的总效应。当激励足够大时，价格效应可能会超过挤出效应，从而对亲环境行为产生正向影响（Meier & Biel，2011）。

有些研究认为，经济激励可以"挤出"个体内在动机。根据这种观点，经济激励释放了积极的信号，并可能影响个体的心理状态。此外，经济激励还可能具有增强激励的作用，使行为者认为自己的亲环境行为具有更高的社会价值，从而增强他们对亲环境行为的自我感觉，进一步强化他们的贡献意愿（Finkel，1998）。因此，经济激励不仅不会损害，反而可能强化居民对垃圾分类等个人行为规范，可以视为对内在动机的"挤入"（Maki et al.，2016）。总之，除了价格效应外，经济激励还通过心理机制对个体行为产生影响，而这种影响的方向取决于情况和个人的不同。

对于经济激励的长期有效性，有研究发现当激励停止时，因为外在的动机源消失，亲环境行为将恢复至此前的水平（Maki et al.，2016）。但在有些情况下，例如，经历长期的经济激励后，若消除经济激励，环境行为不会改变甚至加强、内化为个体的习惯（Li et al.，2017）。因此，经济激励对居民环境行为的影响是一个复杂的过程，这个过程会受到各种因素的影响，如个体因素、社会因素，并最终会影响到居民个体行为的选择。

经济激励是在具体的情景中进行的，因此，外部环境因素可能通过改变激励传达的信号及其个体感知的含义来影响激励效果，有研究者指出激励的管理风格是重要的影响因素，德西等（Deci et al.，1999）认为，当一种行为发生后，如果对其进行严格的管理，就会发现奖励会增加该行为再次发生的可能性。认知行为理论指出，奖励等事件的影响取决于它如何影响感知自我决定和感知能力。因为经济激励会与外部环境进行互动，通过影响决策情景，经济激励可以产生更深远的影响（Bowles & Polanía-Reyes，2012）。伴随着积极的信息，经济激励往往会加强内在动机，从而推动个体的亲环境行为。

### 2.4.2 强制分类的声誉激励

垃圾分类受社区场域、情景因素等社会性因素影响。在学术研究中学者们对社会情景因素对环保行为的影响给予了关注。有学者关注环境行为、社会情境及其对环保行为结果的影响。社会影响力的作用，主要指我们的行为受他人行为或他人观念的影响（Abrahamse & Steg，2013）。人们的环境态度和行为会随社会环境而变化，换言之，我们身处何地会影响我们的行为（Cho & Kang，2016）。社会因素不仅会改变政策实施效果，也会影响经济激励的有效性。社会因素可以强化或弱化经济激励所传递的信号，可能以更复杂的方式影响经济激励的效果。

在不同的社会环境下，环境态度和行为会变化，换言之，“你在哪”影响你的行为（Cho & Kang，2016）。社会因素可以塑造经济激励所传递的信号，同时以更复杂的方式影响到经济激励的效果。本书关注社会影响力的作用，即人们的行为受到其他人所做的或其他人所认为的影响的方式（Abrahamse & Steg，2013）。在关于社会影响的研究中，阿巴拉汉姆斯和斯蒂格（2013）讨论了社会规范、行动者、社会网络、榜样等方式对于居民环保行为的影响，指出了关键行动者和社会网络对环保行为的重要影响。总体而言，在社会影响的研究中，社会规范代表了整个社会规范对于居民的影响，社会网络代表了来自小区邻居的影响，而关键行动者则代表了社区其他人的影响，是社会因素中的核心要素。

## 2.5 垃圾分类的行为研究

如果将本书聚焦于垃圾分类的主体，即家庭成员，则相关的研究就偏向于社会心理学与行为心理学方向。关于垃圾分类行为的研究，一部分从人口统计变量角度来研究，如年龄、性别、收入的差异对垃圾分类行为的影响；一部分针对社会学原因，比如家庭成员、邻居间的影响来进行研究；在强规制下，逃避垃圾分类违规投放也是研究内容之一。

### 2.5.1　垃圾分类行为的影响因素

环境行为研究的相关理论主要有规范行动理论、环境行为 ABC 模型和计划行为理论等。规范行动理论（norm activation theory，NAT）认为，社会规范在一定条件下会内化为个人规范，进而影响环境行为（Schwartz & Howard，1999）。环境行为 ABC（attitude-behavior-conditions）模型认为，行为是个体的环境态度在社会结构、环境制度及外部经济等外在条件下共同作用的结果（Guagnano，1995）。计划行为理论（theory of planned behavior，TPB）认为，行为态度、主观规范和感知行为控制共同影响着行为意向及行为（Ajzen，1985，1991）。

社会心理学的计划行为理论认为，一个人的某项行为是“深思熟虑”的结果，它受行为意愿、行为态度、主观规范与知觉行为控制四个方面的影响。有学者（曲英，2007，2011）认为，这一理论同样适用于垃圾分类的主体行为分析。垃圾分类的主体行为受四个方面的影响：一是分类者的环境态度，可以理解为分类者对垃圾分类活动本身的认知；二是分类者的心理因素，例如，对某一项事务的心理赋值或成本赋值，前者可理解为效用，后者是成本；三是外在或内在的约束力，即显性的法律约束与隐性道德约束；四是公共宣传的力度，这是对公众行为的指导与影响指标。TPB理论被广泛用于研究各种关键决定因素和行为之间的关系，亲社会行为的研究也常用此理论，如垃圾的回收行为（Ayob et al.，2015）、有机食品购买行为（Yazdanpanah et al.，2015）、绿色酒店选择与消费（Nezakati et al.，2015）、电力消费行为（Tetlow et al.，2015）、建筑工人亲环境行为（张涵等，2021）。

有研究发现，如弗尔腾（Fullerton，1996）认为，当实施垃圾按量计费时，从社会人口统计变量的角度来看，女性、老年人、收入较低者、教育年限更高者相对愿意花更多的时间与精力在垃圾分类与回收的活动中，这可以从耐心、时间成本低与环境意识强等角度获得解释。国内有文献（曲英，2010）研究认为，分类意向与分类行为具有关系，并且情景变量在其中起到重要作用。

也有部分研究从实证的角度探寻垃圾分类有效性的影响因素。设立指导员监督垃圾分类投放、加强居民垃圾分类意识，有助于提高垃圾分类效果（殷立春，2010）；对垃圾问题的感知、垃圾循环知识培育、垃圾分类责任意识的强弱以及个人消费观念、年龄是影响居民参与生活垃圾分类的重要因素（王建明，2008）。垃圾分类回收不仅需要完善的法律、法规，还需要普及垃圾分类知识教育（叶开根，2011）。

针对我国垃圾分类，具备垃圾分类意愿的人群更可能付诸行动参与垃圾分类（康佳宁，2018）。居民垃圾分类的态度越积极，实施分类行为的可能性越大（陈绍军等，2015）。主观规范与人们作出垃圾分类意愿及行为的决策有关，“团队成员和项目其他利益相关者对垃圾分类的看法会影响我的垃圾分类行为”（石世英和胡鸣明，2020）。有研究发现，设施越完善，个体越倾向于从垃圾分类意愿向分类行为转变（曲英，2009）；合理规划垃圾分类设施，有助于促进个体垃圾分类（张旭吟等，2014）；分类设施便利性等客观条件，较之于居民的主观因素，对垃圾分类效果影响程度更大（孟小燕，2019）。

### 2.5.2 生活垃圾的违规投放

垃圾按量计费，是通过增加家庭抛投垃圾边际成本来激励家庭对垃圾进行分选，进而促进垃圾减量的一种方式。垃圾处理费用过低则不会有实质性的经济激励效果，它不足以激励人们在垃圾分类与减量上投入时间与精力，从而也不会有较好的垃圾减量效果。但按量收费、垃圾处理费过高，则可能会导致垃圾的违规投放。

强制分类政策能显著提高垃圾回收率，与按量计费、押金退回制相比，强制回收政策效应更显著。强制回收政策通过程序一致性，改变公众对回收的认知与社会规范，并通过宣传投入、民众教育、对违规抛投的警告罚款等促进回收率提高，但会对社会自由构成侵害，并具有高昂的成本。学者们将货币激励、道德激励、个人声望等分别作为激励因素加以研究，但针对强制分类的激励机制研究是缺乏的。

政府强化环境规制时并非必然能降低环境污染，环境政策执行是决定环境治理绩效的关键（李瑋，2022）。正式的经济活动因规制加强降低了环境污染，但强规制会引起隐性经济规模扩大，进而导致环境污染提高（张泽义和徐宝亮，2017）。强规制会导致部分经济活动转变为影子经济，因此强规制的有效性在于严格的执法保障（包群等，2013），环境污染能否有效控制取决于环境规制执行的有效性和监管的质量。发展中国家的制度建设不足、监管难以有效，当规制强度增大时常会导致影子经济或隐性经济规模扩大（Bento et al.，2018）。甚至有研究发现，环境规制强度越大，隐性经济的负面影响越大，强的环境规制不利于环境质量改善（余长林和高宏建，2015）。但新近的研究结果略有不同，环境规制强度与循环经济绩效存在“U”型关系（李斌和曹万林，2017）；加强环境规制会提高产业集中度，降低大气污染排放强度，却会提高水污染（杜雯翠和陈博，2021）；清洁生产环境规制降低了企业污染排放强度（林婷，2022）；政府管制型环境规制与公众参与型环境规制均能提升污染密集型产业的生态效率（尹礼汇和吴传清，2021）。

相应地，强制垃圾分类会引发违规投放的隐忧也是存在的。按量计费会导致非法投放，垃圾处理费越高，导致非法投放的概率越高，对环境的危害也越大（Crofts et al.，2010）。韩国实施城市固体垃圾按量计费导致了非法倾倒垃圾，并因此在上涨垃圾处理费率这件事上保持十分谨慎的态度。在实行垃圾按量计费制度的情形下，样本中垃圾源削减中的28%～43%可能因为非法倾倒，而非真正的垃圾减量（Don et al.，2004）。对于违规投放的防范与控制，如在习惯投放点建立绿化带、提高社区参与度，或者设立动态的监测与报告系统、加强社区与居民的合作（Matsumotos，2011）等措施可有效防范非法投放。而加大对违规投放的处罚力度、加大垃圾处理设施配备投入，都能显著地降低非法倾倒的发生（Ichinnose et al.，2011）。

这一观点，也在相关的研究中得到验证：垃圾处理费用越高，则导致非法倾倒的可能性越大，越发增加环境危害（Crofts et al.，2010）。有研究针对日本废弃家电的非法倾倒研究其发生的概率特征，结果显示，在低收入、高失业率的社区更有可能发生非法倾倒。而当处理成本高或者社区执法能力弱时，会使得非法倾倒增加。社区的参与有助于预防非法倾倒，动态的监测与报告系统、社区与居民的合作等有助于降低非法倾倒（Shigeru Matsumoto & Kenji Tankeuchi，2011）。

## 2.6 我国垃圾分类管理研究

### 2.6.1 垃圾回收模式与分类系统研究

从企业的产权属性与组织特征来看，我国现在的城市生活垃圾回收市场主要有三类回收主体，即国营回收企业、私营回收企业以及个体回收者，而不同地区的回收主体结构呈现出显著的地区差异性（冯慧娟等，2006）。城市生活垃圾的回收模式应以市民为中心，形成市民、物业公司、回收企业与政府四位一体的回收模式。居民成为开展垃圾分类的主体，而物业公司与回收企业起引导作用（许金红和王凤，2011）。有研究从垃圾分类系统的职能分工提出，垃圾分类应从源头做起，但政府是战略制定者，社区是策略中心，而居民为基层执行者（郑毅敏，2009）。而垃圾分类回收体系由三级构成：居民自觉的初级分类；社区为单位的第二级专业分类；专业物资回收第三级专业分拣（董淑英，2006）。从垃圾的分类系统来看，垃圾分类是一项系统性活动，需要各环节的相关者联动合作。

### 2.6.2 垃圾分类的专业化问题

在讨论垃圾分类工作由谁来担任主体时，更多的研究认为垃圾分类需要专业化。从社会分工和分工效率的角度来看，垃圾先分类再收集与垃圾混合收集后再分类，二者相比前者效率更低，所需投入的劳动时间更多。因此，垃圾分类应专业化（孙晓杰等，2009），持同样观点的还有学者彭书传和崔康平（2000），他们在分析影响垃圾分类与收集的因素后，得出了垃圾应由环卫工人进行专业化分类的结论。

### 2.6.3 垃圾分类的层级设计

垃圾分类的层级设计也是垃圾分类与回收制度关注的重点。层级过少会导致分类效果差，层级过多会导致市民分类的难度大，以致使分类工作无法有效开展。在居民意愿和降低环境治理成本之间权衡，垃圾可进行“干、湿”分开（赵丽君和刘应宗，2009）。有研究（黄河和姜万波，2009）通过对某市生活垃圾分类收集调查发现，市民在垃圾分类意愿的选择上，体现出首先是“可回收、不可回收”两类，其次是“纸、金属、塑料、玻璃、危险品、不可回收”六类，最后是“有机、无机、有害”三类的优先序排列。余倍和宾晓蓓（2011）指出，从国际借鉴上来看，德国垃圾分类分为三类，即分别以蓝、灰、红三色垃圾桶对应有机垃圾、无机垃圾、有害垃圾。

## 2.7　研究述评

针对生活垃圾处理的相关研究已有近五十年的历史，在“垃圾围城”困境下，政策工具被用以促进家庭有效参与垃圾分类。本书以我国对居民生活垃圾实施强制分类及按量计费为政策背景，围绕如何构建促进家庭有效参与居民生活垃圾强制分类的激励机制，比较系统地梳理了相关政策工具及其效应，同时结合社区研究、垃圾分类行为研究以及垃圾分类管理研究，旨在为构建激励机制提供理论基础。

有关政策工具的研究包括政策工具的定义、政策工具的功能与分类。在西方学者的分类方式基础上，我国学者结合中国实践，有陈振明的三类分法、张璋的四类分法、刘传俊的三分法等。在政策工具的效应方面，“命令—控制”型政策和市场型政策有不同的政策效应，也有不同的适用场景。本章还分析了环境经济政策的有效性及其影响因素等，有助于刻画政策工具的研究现状和发展趋势。

针对垃圾收费定价的研究大体分为两类，经济学基础理论与数理模型的理论分析，以及计量方法或案例研究法的量化检验。理论研究部分认为，按量收费制度能体现环境公平，有促进居民分类回收、提高减量效率的政策效果，相对传统的“命令—控制”型政策有其优势。由于样本选取、实证方法以及各国各城市的差异性等原因，各实证研究结论并不一致：有的研究发现按量计费能有效促进垃圾减量，然而有的研究则得出了相反的结论。

考虑到我国城市人口的高密度特征，社区是我国城市居民垃圾分类的重要场域，也是表达对垃圾分类价值认同、行为态度并采取相应行为的重要环境。社区的特征、社区类型、社区环境等对居民垃圾分类行为都会产生影响。我国城市社区兼具自然社区与行政社区的特点。社区融合影响居民心理认知和分类行为，这有助于更好地理解社区融合对垃圾分类行为的影响。

居民垃圾分类行为的激励机制，特别是经济激励与声誉激励在促进亲环境行为中产生作用。经济激励作为一种常见的政策工具，通过改变居民对某项环境行为的相对价格来激励他们改变自己的行为。但是，经济激励存在争议和复杂性：一方面，经济激励可以通过价格效应促进居民减少垃圾产生量、提高垃圾分类准确率等亲环境行为；另一方面，经济激励也可能产生挤出效应，即外在的经济激励可能反而削弱居民的内在动机和道德约束，导致他们更倾向于将垃圾处理视为一种付费服务，而不再对违规投放行为感到有约束力。经济激励的强度大小会影响政策的总效应，经济激励的长期有效性也可能存在争议。声誉激励也能促进居民的垃圾分类行为，社会规范、社会影响力等因素可激励居民参与垃圾分类等亲环境行为。垃圾分类行为受社区场域、情景因素等社会性因素的影响，人们的环境态度和行为会随社会环境而变化。

垃圾分类的行为研究。影响垃圾分类行为的主要理论，包括规范行动理论、环境行为 ABC 模型和计划行为理论等。影响垃圾分类行为的具体因素，包括分类者的环境态度、心理因素、外在或内在的约束力以及公共宣传的力度等。这些因素相互作用，共同影响着垃圾分类行为的形成和改变。垃圾按量计费制度能促进垃圾减量，但过高的垃圾处理费用可能会导致垃圾的违规投放。环境政策执行是决定环境治理绩效的关键。笔者提到了强规制可能引起隐性经济规模扩大，进而导致环境污染提高的可能。我国对垃圾分类管理的研究相对较少，体现在垃圾回收模式与分类系统、垃圾分类的专业化问题以及垃圾分类的层级设计等方面的研究均较为欠缺。

在我国推行居民生活垃圾强制分类的政策背景下，已有部分研究解答了强制分类激励手段的静态效果，但是关于我国家庭参与垃圾分类的激励因素有哪些、有何政策效应、又该如何促进，为待求之答案。因此，本书在梳理我国生活垃圾处理规制变迁、强制分类实施情况基础上，将垃圾分类置于中国式社区场景，分析强规制下经济激励与声誉激励的作用机制与效果，通过对问卷数据实证分析，对全国范围典型性社区、组织等进行剖析，分析社会机制对强制分类的影响，最终完成家庭参与居民生活垃圾强制分类的激励机制构建，这是本书研究设计与写作逻辑。

| 第 3 章 |

# 垃圾处理规制的必要性：经济学分析

“垃圾围城”是城市对垃圾处理的供求失衡的结果。本书从降低垃圾处理的需求角度来分析如何促使企业与家庭改变自身行为，以实现垃圾源的削减。因此，该章的逻辑如下：首先，分析城市生活垃圾的产生，分别从宏观角度分析城市生活垃圾产生量的增长现状、从微观角度分析垃圾的产生。其次，通过对企业“降废”与家庭“减量”的行为进行成本收益分析，解释在现有的垃圾处理收费模式下，企业降废与家庭减量的主要行为并不会自然自愿地发生。垃圾按量收费被认为是一个有效的解决工具，但关于它的争议仍然是存在的。在梳理垃圾处理按量收费的当与不当之辩时，本章阐述了垃圾按量收费的理论基础与经济功能，并分析了按量收费的实施将形成城市生活垃圾的减量机制，实施这一价格规制手段后，它可直接改变消费者垃圾分类、投放行为，并间接倒逼企业改变行为，降低“产废率”，实现减量的效果。

## 3.1 城市生活垃圾产生的上升趋势

### 3.1.1 城市生活垃圾产生量的影响因素

人口、居民生活水平和城市发展建设情况是影响生活垃圾生产量的直接影响因素（王欢等，2006）。早在 20 世纪 90 年代，美国有研究结果显示，收入水平与城市人均固体废物产生量具有对应关系，如表 3 – 1 所示，可见随着收入水平上升，城市人口人均垃圾产生量上升。

**表 3-1　　　　收入水平与城市人均固体废物产量的对应关系**

| 指标 | 低收入国家 | 中等收入国家 | 发达国家 |
|---|---|---|---|
| 人均收入（美元/人） | <360 | 360~3500 | >3600 |
| 城市人均固体废物（千克/人·天） | 0.4~0.6 | 0.5~0.9 | 0.7~1.8 |

资料来源：张继承（2010）。

除此之外，社会行为准则、社会道德规范、法律规章制度及居民饮食结构等被认为是城市生活垃圾产生的间接影响因素，其中对垃圾产生量影响最大的是通过宣传教育和建立规章制度实行垃圾减量、回收、再利用措施（何德文等，2005）。

各城市垃圾的产生量，受各种因素的影响，如城市的经济水平、气候特点、生活习惯以及地理环境等。影响城市生活垃圾产生量的因素来自多方面，比如人口数、居民的受教育水平、工资水平、经济发展水平、城市居民生活水平、餐饮业的发展程度以及环境卫生的投资。与此同时，还有不可控制的自然因素，比如暴雨、暴雪、地震等自然灾害。城镇居民的就业率，也会影响居民生活垃圾和企事业生活垃圾产生量。

### 3.1.2　我国城市生活垃圾的产生趋势——以广州为例

以广州为例来观察我国城市生活垃圾的产生趋势，本书以统计年鉴、广州市统计信息网中的“生活垃圾清运量”来表征城市生活垃圾的产生量。因为若以一年为时长，广州产生的城市生活垃圾都会被清运，如没有垃圾堆积则不作处理，所以，以“生活垃圾清运量”来表示，是可行且合理的。广州市的城市生活垃圾的产生量数据，在收集与整理过程中，有三点需要加以说明是：（1）数据来源于历年《广州市统计年鉴》，经整理而得。（2）2006 年，全国生活垃圾处理数据“生活垃圾”统计口径发生变动，此前后数据可比性不足。本书对广州数据整理时，历年统计口径保持了一致性，整个观察期内数据具有可比性。（3）在观察期内，广州市所辖区县发生变动，如 2001 年番禺、花都两市以区并入广州市，2014 年增城、从化两市撤市以区并入广州市，统计对象发生变化，分析时需考虑它的影响。

据表3－2中的广州各年垃圾清运量，虽然1978～1988年有些年份的数据缺失，但自1989年以来数据完整可见，将表3－2绘成曲线，则为图3－1。

**表3－2　　广州市生活垃圾清运量（1978～2023年）**　　单位：万吨

| 年份 | 清运量 | 年份 | 清运量 | 年份 | 清运量 | 年份 | 清运量 |
|---|---|---|---|---|---|---|---|
| 1978 | 39.8 | 1996 | 176 | 2006 | 299.8 | 2016 | 688.35 |
| 1980 | 45.8 | 1997 | 189 | 2007 | 340 | 2017 | 737.66 |
| 1985 | 64.6 | 1998 | 222 | 2008 | 317.35 | 2018 | 745.30 |
| 1989 | 100.4 | 1999 | 169 | 2009 | 329.87 | 2019 | 808.78 |
| 1990 | 105 | 2000 | 166 | 2010 | 356.62 | 2020 | 733.76 |
| 1991 | 124 | 2001 | 244 | 2011 | 349.43 | 2021 | 800.76 |
| 1992 | 125 | 2002 | 260 | 2012 | 380.08 | 2022 | 760.75 |
| 1993 | 155 | 2003 | 231 | 2013 | 394.29 | 2023 | 791.57 |
| 1994 | 199 | 2004 | 269 | 2014 | 430.21 | | |
| 1995 | 155 | 2005 | 280 | 2015 | 455.84 | | |

资料来源：笔者根据公开数据整理、计算。

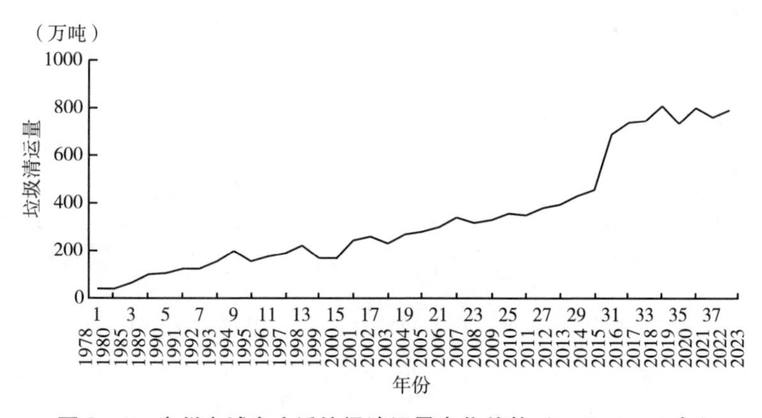


**图3－1　广州市城市生活垃圾清运量变化趋势（1978～2023年）**

资料来源：笔者根据相关数据绘制。

如图3－1所示，以城市生活垃圾清运量表征广州市城市生活垃圾的产生量，1978～2023年呈现总量显著上升的趋势，部分年份的波动主要与广州市辖区县的划分及数量变动有关。

### 3.1.3 部分生活垃圾试点城市生活垃圾人均产量

我国政府在垃圾分类活动上的引导其实早已有之：2000 年推行分类试点，2005 年扩大试点范围，2010 年中央与各部委加大政策引导的力度。但这种试点的效果如何呢，它能否扭转我国垃圾人均量增加的趋势，是值得探讨的。本书收集我国七个试点城市 2006 ~ 2012 年人均垃圾每日清运量数据，并计算这 7 年间人均日清运量的平均变化率。同前文的处理方式一样，以统计年鉴中的“人均日清运量”来表征这些城市的人均垃圾产生量。计算人均清运量的平均变化率，该指标为观察期内人均生活垃圾日清运量的平均变化幅度。当平均变化率大于零，表示该阶段人均垃圾产生量发生增长；反之，该值小于零，则意味着降低。总体来看，生活垃圾产生量呈现显著的上升趋势，七个试点城市仅北京的平均变化率为负值，即其人均日清运量是下降的。

因为表 3 - 3 只是一个简单的数据呈现，没有选取对照组，也没有进行相关性计量分析，所以，我们无法下结论说：这些试点城市没有产生减量效果。但从表 3 - 3 数据，我们可以获得这个结论：我国上述垃圾分类试点的城市（除北京外），没有因政府对垃圾分类试点的倡导甚至执行，而使人均垃圾产生量的增长趋势得以扭转。

**表 3 - 3　　生活垃圾分类试点城市的人均垃圾日清运量**　　单位：千克/人·日

| 城市 | 2006 年 | 2007 年 | 2008 年 | 2009 年 | 2010 年 | 2011 年 | 2012 年 | 平均变化率（%） |
|---|---|---|---|---|---|---|---|---|
| 北京 | 1.11 | 1.19 | 1.25 | 1.20 | 1.03 | 1.00 | 1.00 | -1.5 |
| 广州 | 0.83 | 0.87 | 1.07 | 1.14 | 1.12 | 0.88 | 1.12 | 6.3 |
| 深圳 | 1.16 | 1.29 | 1.30 | 1.46 | 1.27 | 1.26 | 1.27 | 1.9 |
| 杭州 | 1.40 | 1.55 | 1.47 | 1.98 | 1.75 | 1.74 | 1.75 | 4.5 |
| 厦门 | 1.13 | 1.09 | 1.09 | 1.00 | 0.93 | 1.00 | 1.21 | 1.7 |
| 桂林 | 0.74 | 0.73 | 0.76 | 0.76 | 0.82 | 0.91 | 0.96 | 4.5 |
| 南京 | 1.03 | 0.94 | 0.93 | 0.89 | 1.02 | 1.03 | 1.06 | 1.1 |

资料来源：中国城市生活垃圾管理状况评估报告［EB/OL］. 北极星环保网，https：//huanbao.bjx.com.cn/news/20150508/616200 - 2.shtml，2015 - 05 - 08.

## 3.2　城市生活垃圾产生的微观分析

为研究价格规制对城市生活垃圾减量的影响，有必要分析垃圾的产生与运动过程。从家庭这一环节来看，垃圾的产生量与其最后抛投的垃圾量可表现为图3－2。（1）影响家庭生活垃圾量的第一个环节是企业生产第Ⅰ环节。该环节中企业的生产用料、包装等的选择，将直接影响家庭消费后的初始垃圾量A。在第Ⅰ环节，企业可以在包装的材质材料选择、包装体积、包装重量等上选择更紧凑、轻质的，以降低产品的产废率。在这一环节，本书将其简称为“降废”。（2）消费后的家庭分类回收第Ⅱ环节。该环节中家庭在垃圾分类与回收过程中投入时间、精力后，初始产生的垃圾将有两大去向，一是成为可回收的资源C，进入回收环节，实现资源化；另一部分是成为抛投环节的垃圾，进入垃圾处理环节，它的量为B。在家庭环节，家庭增加在垃圾分选与回收中的投入，可促使其向社会投放的垃圾减量，本书将家庭在这方面的投入，可简称为“减量”。（3）当垃圾进入社会后，即进入第Ⅲ环节。在该环节，社会可以进行最后的分选与回收。这种分选，可能是企业因营利目的参与，或者政府委托及环保组织等社会力量参与。分选回收后所剩下的量，即进入垃圾的最终处理环节。

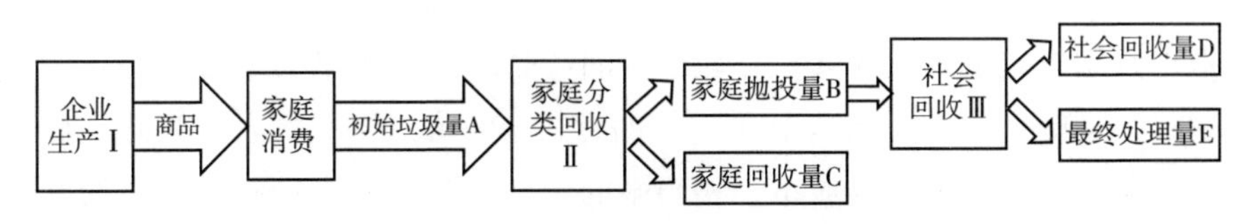


**图3－2　生活垃圾的产生链**

资料来源：笔者绘制。

从这个垃圾产生链来看：（1）在整个过程中有A＝B＋C。因此，当A值一定时，C值越大，则B值越小；换言之，在家庭环节，它面对的初始垃圾量一定时，资源化效果越好，则减量效果越明显，因此资源化与减量化是统一的。（2）由A＝B＋C，即有B＝A－C。要实现垃圾减量，即降低家庭环节的垃圾抛投量，即B值，有两个路径：一是降低A值，二是增大C值。降低A值要求政府对生产企业进行规制；增大C值则需要政府对家庭环节进行规制。（3）有E＝B－D，当家庭环节的抛投量已定，提高社会环节回收的量，即增大 D 值，会降低整个社会的垃圾最终处理量。

人均垃圾产生量增速增长，如果城市垃圾处理供给能力无法迅速跟上，就会出现城市垃圾处理的供求失衡，现实中就会出现“垃圾围城”的困局。这一社会性问题的出现，一定程度上可以从微观家庭与企业的个体行为中选择获得解释。在现行的制度下，企业与家庭是否有自觉自愿在“降废”与“减量”上增加投入的利益驱动呢？后文将对企业的“降废”行为与家庭的“减量”行为的成本收益展开分析。

## 3.3 企业的决策：“降废”的成本与收益

### 3.3.1 城市生活垃圾来源与成分

城市生活垃圾通常有六大来源：第一，厨余垃圾，即食品食用后的残渣与清洗食用时“边角料”的弃用，厨余垃圾具有“湿”的特征，它是城市生活垃圾的主要部分；第二，使用后失去原有价值的产品，如废旧电器、旧书刊、旧衣服等；第三，产品使用后遗留下的外包装，如塑料瓶、玻璃瓶、易拉罐等，这种可以直接进行原料回收；第四，产品的运输包装，包括运输纸盒、透明胶、塑料袋、泡沫箱等；第五，广告纸，随着消费行为的改变，企业的营销方式也发生改变，在线销售的产品或者电子平台通过随包寄递的方式，线下的企业以直接送到“门”的方式或者通过街头散发的方式发放促销活动单；第六，在国外城市，相当多的垃圾为花园清理打扫而产生的庭院垃圾。

城市生活垃圾的成分结构，直接决定了分类回收的方法与回收的效益。因为居民的收入水平、商品的消费结构、生活方式与习惯不同，城市生活垃圾的结构具有显著差异。从已有文献或研究机构提供的数据，笔者整理出欧洲、美国、日本、新加坡、我国县市均值，以及我国广州市近年的垃圾结构数据，如表 3 -4 所示。表 3 -4 数据显示，欧洲城市的统计是将有机（庭院垃圾等）与厨余合并，成了占比最大的类别。若如美国、日本一样分类统计，实际上，在欧洲与美国、日本有个共同的特点，就是纸与纸板占比比较大。与之相比，国内城市则是厨余垃圾占比最重，达 43.2%，广州数据更是显示厨余垃圾占到

49.5%。相对来说，国内城市生活垃圾水分占比高，而热值低。

**表3-4　　世界部分地区、国家或城市生活垃圾成分**　　单位：%

| 地区、国家或城市 | | 1 | 2 | 3 | 4 | 5 | 6 | 7 | 8 | 9 |
|---|---|---|---|---|---|---|---|---|---|---|
| 欧洲[a] | 类别 | 有机物、厨余 | 纸、纸板 | 其他 | 塑料 | 玻璃 | 纺织品 | 金属 | 混合物 | 特殊垃圾 |
| | 占比 | 29 | 26 | 18 | 9 | 7 | 5 | 4 | 1 | 1 |
| 美国[b] | 类别 | 纸、纸板 | 庭院垃圾 | 厨余 | 塑料 | 金属 | 橡胶皮革与纺织品 | 玻璃 | 木 | 其他 |
| | 占比 | 34.2 | 13.1 | 11.9 | 11.8 | 7.6 | 7.3 | 5.2 | 5.1 | 3.4 |
| 日本[c] | 类别 | 纸 | 塑料 | 有机物 | 玻璃 | 金属 | 其他 | | | |
| | 占比 | 40 | 20 | 17 | 10 | 6 | 7 | | | |
| 中国[d]县市 | 类别 | 厨余 | 塑料 | 沙土 | 纸 | 草木 | 布 | 玻璃 | 金属 | 橡胶 |
| | 占比 | 43.2 | 15.7 | 15.4 | 8.1 | 7.2 | 5.5 | 3.6 | 0.8 | 0.4 |
| 广州[e] | 类别 | 厨余 | 塑料 | 纸 | 纺织品 | 其他无机物 | 玻璃 | 金属 | | |
| | 占比 | 49.5 | 21 | 10.9 | 6.9 | 5.6 | 3.8 | 2.3 | | |

注：a. Association of Cities for Recycling，Municipal Waste Minimization and Recycling in European Cities. http：//www. acrplus. org/upload/documents/document306. pdf，为欧洲39个城市在1998～1999年的均值。b. MSW in the United States，2005 Facts and Figures，US EPA，为美国城市2005年数据均值。c. Institute for Global Environmental Strategies（IGES），Urban Environmental Challenge in Asia：Current Situations and Management Strategies. Part I：The Summary of UE 1st Phase Project. Urban Environmental Management Project，Hayama，Japan，2001，为日本与新加坡的2001年度数据。d. 我国国内30多个市县在2001～2009年垃圾成分的平均值，某地如果一年内多次取样，则只取其平均值，数据由中国科学院广州能源研究所提供。e. 广州市在2008～2013年数据均值，数据由中国科学院广州能源研究所提供。

资料来源：笔者根据资料整理。

生活垃圾成分可以反映出对垃圾进行分选回收与减量的潜力与经济价值。在表3-4中，中国市县与广州市的数据都反映出我国生活垃圾具有较强的分选回收与减量潜力。但从宏观数据来看我国垃圾回收的资源化现况并不理想，2013年的数据显示，我国废纸综合利用率为44.7%，而废塑料回收率仅为23.2%。2024年1月，国家发展和改革委员会发布的《中国低值可回收物回收利用现状研究报告》数据显示，2021年，我国各类低值可回收物总回收率约为26.6%。与发达国家相比，或者距离我国“城市生活垃圾回收利用率达到35%以上”的目标还是有相当的距离。

### 3.3.2 生活垃圾的主要来源：产品包装

在上节已经对城市生活垃圾的来源进行了分析，它为企业“降废”提供了实施的入口。除了厨余垃圾外，城市生活垃圾的主要源头是商品的包装。商品的包装，从功能上分类，它有以下三种。

（1）运输包装。运输包装在传统零售模式下，主要是从生产企业到零售点所用的包装。在现在电商快速发展的情况下，运输包装是指从销售企业或生产企业发往消费者（家庭）过程中的包装。随着互联网的深度嵌入，线上购物增加，快递包裹量急剧增加。

（2）储存包装。储存包装是商品从生产到消费过程中形成的，它承担着容纳、保护商品的功能。储存包装是必需的，要在储存包装上减量或者环保，通常是改变包装的材料，以提高回收的便利性。

（3）销售包装。销售包装是指通过包装，来提高商品形象与影响力，达到扩大商品的销售目的；或通过加强对商品的包装，以达到提高商品销售价值的目的。例如，为提高商品的销售陈列效果，企业可能会增加商品包装重量或包装的体积。

在上述的三种功能的包装中，运输包装与储存包装是必需的，而销售包装是非必需的。但随着企业所面临的市场竞争压力加大，销售包装呈现增加的趋势。在现在电商发展、城市居民网络购物、民众生活习惯发生显著变化的背景下，快递垃圾呈现迅速上升的趋势。

### 3.3.3 企业“降废”的内容

据前文中分析可知，产品包装是城市生活垃圾的主要来源。而从产品包装的功能来看，产品的部分包装是可以压缩与控制的，从这个角度可以分析产品的生产企业在“降废”上有所作为的方向。基于前文的分析，企业可以从以下四个方面来努力以实现“降废”。

（1）销售包装的控制。政府可以对企业在销售包装方面进行规制。企业减少销售包装的投入，可能会导致企业面临销售困难或者销售成本的提高。尤其是如果它的竞争者没有“降废”，它可能要处于一种“竞争”的下风。

从另一个角度来说，竞相增加销售包装，实质上是企业陷入的“囚徒困境”。因此，政府规制的外力约束有助于企业减少销售包装，并在整个产业乃至整个社会营造“降废”的文化与结果。

（2）储存包装的易回收性要求。在储存包装材料的选择上，例如使用材料的可回收性或包装材料易处理性，企业的选择可影响“降废”效果。选择可回收材料成本常高于一次性材料的。对于企业来说，选择回收性强的包装材料，必然导致产品的总成本上升，而导致在同类产品中的竞争劣势。

（3）运输包装的回收。运输包装，自生产企业运输至销售点，它的功能即结束。从生产企业到销售点，运输包装有相对集中、固定的点，而且运输包装在材质上也相对固定，为纸盒、纸箱或木箱等。企业在回收运输包装时有一定的回收成本，也会因此有一定的回收收益。在运输包装成本比较高的企业，回收运输包装成为理性选择。

（4）企业的“降废”努力，还可以体现于商品包装的印制。首先，如同在香烟盒上印刷“吸烟有害健康”的警示语一样，企业在垃圾分类与回收上有义务承担起公民教育、分类引导与鼓励实施的责任。其次，企业在商品包装上，可清晰标明包装在回收时所属的类别与回收指引，此举有助于提高垃圾分选的成功率，降低垃圾在分选时的成本。

### 3.3.4　包装投入与回收：企业的选择

（1）企业在销售包装上会加重投入，陷入“囚徒困境”。销售包装，是指随商品进入零售环节、消费者直接可见的包装，其用于商品的陈列展销，有助于提高商品的美观度，并提高易销售性。企业在选择销售包装的投入时，会考虑同类商品在陈列销售时对吸引消费者注意力具有竞争性。企业倾向于增加销售包装的投入，以便在吸引消费者注意力竞争中处于优势。因此，企业对销售包装的控制，其实是企业在市场竞争（销售环节的注意力竞争）中的一种博弈选择。可以将博弈分析简化为两个企业间的非合作对称博弈，他们在销售包装上的选择有两个策略：“重销售包装”或“轻销售包装”。从前文的收益性来看，最终形成的纳什均衡结果是两个企业都选择“重销售包装”的策略，这是销售包装上典型的“囚徒困境”。在政府不加规制的情况下，为了提升产品在销售环节的吸引力，整个产业乃至社会都会进入非必要的、奢华的包装文化氛围。

（2）在储存包装的易回收性的选择上，出于低成本考虑，企业更偏向于选择“低廉的一次性”包装。同样地，企业在储存包装上的投入，也会存在企业间的竞争性，其竞争体现在成本控制上。企业对储存包装的选择，实质也可归为非合作对称博弈，在储存包装的选择上有两个策略：“高成本的可回收型”与“低廉的一次性”。出于成本节约的考虑，企业则会选择“低廉的一次性”储存包装。这一决策，对企业来说在短期内是最有利的选择，但对整个社会来说是一个最糟糕的结果：从包装的生命周期角度来看，使用一次性的储存包装会增加产品的产废率。因此，企业在销售包装与储存包装用料选择上面临“囚徒困境”。这一困局，亟须政府实施规制，方可改变均衡结果。

（3）运输包装的回收。在传统商业模式下，生产企业到零售企业的运输包装，为批量运输，平摊到单个产品的运输包装并不重。由于运输包装的专用性，若运输包装即时由生产企业回收，回收的链条最短。而且，从包装的用途、规格上来看，它可以直接循环利用，其回收包装的适用性最强，回收效率最高。对运输包装实施回收是企业理性的选择。近十年来电商快速发展，网购量增加，大量的商品从生产企业直接发售到家庭。电商模式下的“单件运输”取代了传统商业模式的“批量运输”，成为主要的运输方式。因此，产品的运输包装急剧上升。2014～2016 年如 1 号店、我买网实施运输包装的即时回收。但这一做法，在消费者（家庭）环节会遇到阻力，因为在既往的商购模式中，商品运达家庭后，运输包装的所有权也转移至家庭，运输包装的处置主体为家庭，处置收益归家庭所有。但从回收与循环的角度来看，若运输包装的所有权归由企业，比之于归由家庭，回收的链条缩短，回收效率将提高。因此，针对我国现有法规对运输包装所有权归属的界定不明确性，政府可以施加规制与引导。

（4）企业其他方面的降废投入。前文提及，生产企业可以以消费品为载体，承担起公民的环境教育义务，或印制回收指引以提高包装的回收效率等。这些“降废”行为，虽然其成本不高，但是之所以现在未能实施：一是因为大多数企业没有形成这种意识；二是因为在目前制度环境下，这些投入是纯支出而无收益的“公益”之举。

## 3.4　家庭的决策："减量"的成本与收益

### 3.4.1　垃圾分类成本的个人影响因素

垃圾分类的成本，从行为经济学的视角可分解为时间成本和心理成本。(1) 时间成本。垃圾分类的时间成本，首先，与分类回收者的工资率正相关，分类者的工资率越高，参与垃圾分类的经济成本越高；其次，与分类回收者的分类行为熟练程度负相关，参与者对垃圾分类知识越熟悉、对垃圾分类操作越熟练，则单位时间内的分类效益越好。(2) 心理成本。垃圾分类过程中因要面对垃圾这一负效用品，引起心理不适而产生心理成本。当垃圾的产生者即为垃圾分类者时，心理成本最小。当垃圾产生后由第二人来完成垃圾分类，心理成本将明显上升。当垃圾分类者为专业人士，对该工作的适应性、专业的劳动防护以及心理上的"边际刺激递减规律"的作用，使得其心理成本较低。可将垃圾分类成本的个人影响因素体现为图3－3。

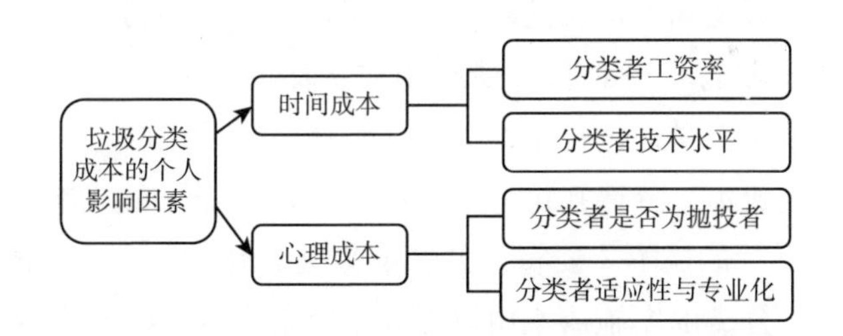


**图3－3　家庭垃圾分类影响回收成本的个体因素**

资料来源：笔者绘制。

### 3.4.2　垃圾分类成本的环境影响因素

家庭会对垃圾分类与回收这样一种"经济活动"作成本收益分析，当该项活动的收益大于成本，则选择"分类回收"的决策为理性选择，反之，则不。3.4.1是在垃圾分类环境既定条件下，从家庭或分类回收者视角来分析垃圾分类回收的成本。本小节则是以家庭或分类回收者身份（分类回收者是否为垃圾抛投者）或在知识技能既定时，讨论“垃圾分类环境”对“分类回收成本”的影响，生活垃圾家庭分类成本的环境影响因素可体现为图3－4。

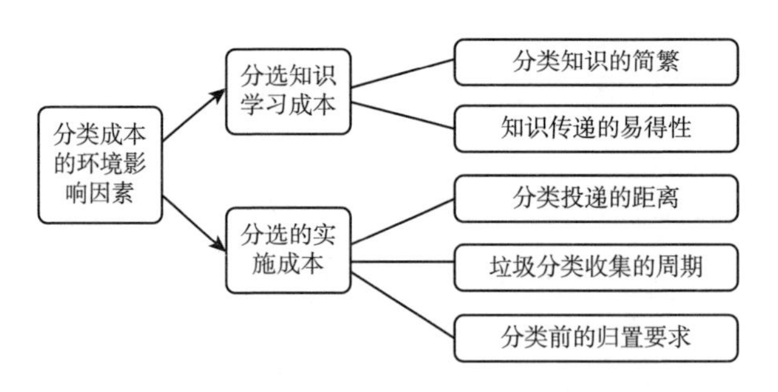


**图3－4　生活垃圾家庭分类成本的环境影响因素**

资料来源：笔者绘制。

分选知识的学习成本。影响垃圾分选学习成本的因素主要有：（1）垃圾分类知识信息的简繁。虽然分选知识对于知识受众的学习能力要求不高，但要求有时间的投入与注意力的凝聚。若分类的类别过多，则分类知识趋于繁杂，导致识记困难，从而分类出错。（2）分类知识传递渠道的易得性。对于家庭成员来看，分类知识信息的获得成本越低，则它的传递性越强，对家庭成员也越易形成影响。例如通过视频的或平面的公益广告、入户宣传小册子、以社区为单位对受众进行培训等方式，提高分类知识的传播性。

分类的实施成本。分选知识的学习成本，是“知”的成本，而分类的实施成本则为“行”的成本。要将“知”有效地转化为“行”，分类的实施成本是决定因素。分类的实施成本由以下几个因素决定：（1）分类投递的空间距离。分类投递的距离越远，则分类实施的成本越高。因此，在分类投递实施的初期，垃圾收集企业在规划收集点时，需要在企业的收集成本与家庭投递成本之间均衡，确定垃圾投递点的合理分布。（2）垃圾分类收集的时间间隔。若分类收集的周期长，则家庭在分类后有较长时间的“等待”收集时间，这个过程也会占用室内空间，提高分类的实施成本。（3）垃圾分类前的归置要求。归置要求越高，则分类成本越高。归置要求，包括分类的类别数、分类要求的直观性等。通常分类类别越多，则投递的人员在拥有分类与回收的知识与信息后，实施难度越大，分类实施的成本也越高。

### 3.4.3　家庭“减量”的收益

家庭成员实施垃圾分类，这一活动有成本，也有其收益。而收益，既有显性的，也有隐性的。家庭参与实施分类与减量，其收益主要有：首先是垃圾处理费的节约。在家庭实施垃圾分选，会使可回收部分进入回收环节，在按量收费的垃圾收费模式下，需要支付处理费的垃圾量减少，表现为家庭垃圾处理费用的节约。而垃圾处理收费水平越高，所节约的垃圾处理费越多。其次是分类回收的经济收益。分类回收的部分，在市场上有回收的经济价值；政府为促进循环经济，通常对回收给予回收补贴，因此，家庭可以由此获得收益。因此，垃圾分类的显性收益取决于垃圾回收的价格与垃圾处理收费水平。补贴价格越高，垃圾处理费率越高，家庭参与垃圾分类回收的显性收益越高。隐性的收益则包括自我肯定与社会嘉许。当个人实施绿色行为，个人会获得与社会价值趋向相同而致的自我肯定。当社会营造出回收有利于人类的永续生存与发展，分类回收活动是为公共的洁净环境、人类未来、地球的发展作贡献，分类回收者会因为自己的分类行动在自我肯定之外获得社会嘉许，并获得相应的效应，例如社区内更高的个人声誉、更友好的睦邻关系等隐性收益。家庭参与垃圾分类回收的收益，可表示为图 3 - 5。

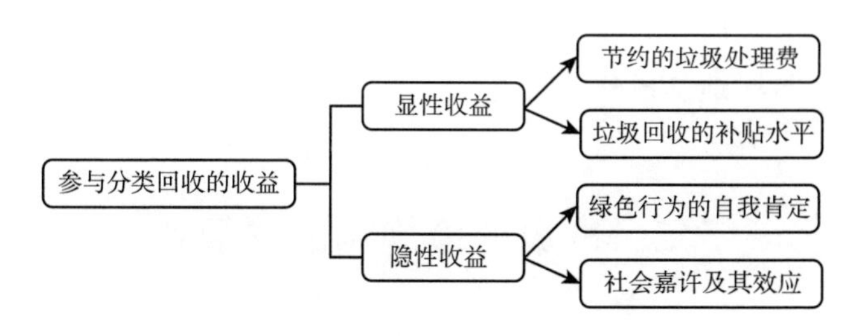


**图 3 - 5　家庭参与垃圾分类回收的收益**

资料来源：笔者绘制。

### 3.4.4　家庭的选择：基于成本收益的决策

前文分别分析了家庭回收减量的成本与收益。家庭对垃圾进行分类，在分类学习与实施过程中有诸多成本，它还因环境因素、分类者个体因素的影响有所不同。再看收益项，显性收益受回收补贴水平与垃圾处理价格的影响，当回收补贴水平越高，生活垃圾收费水平越高，家庭进行垃圾分类回收的收益越高。我国“无废城市”建设越深化，“无废”理念越深入人心，垃圾分类的社会环境越友好，家庭参与垃圾分类回收的隐性收益也越大。目前我国城市对生活垃圾的收费，主要有两种：第一种为固定收费制度，按家庭或常住人口数量支付固定的生活垃圾处理费，如 5 元/户 · 月或 2 元/人 · 月等。第二种为附在水费中征收，以用水量来表征“垃圾产生量”，实现按量计费。这两种收费方式，垃圾投放的边际成本为零。家庭参与垃圾回收，垃圾回收的价格只体现出回收资源的“经济价值”，而垃圾回收的“环保价值”并没有得到体现。对于经济上低回收价值的物品，可能会因其“低价值”而排除在市场自行的回收之列。如果实现补贴，就能促进低价值垃圾的回收。2015 年 2 月，广州市开始对低价值垃圾回收进行补贴，补贴的废品包括玻璃、塑料和木材，政府支付每吨 90 元的补贴，这是中国大陆首个实施垃圾回收补贴的城市。①

因此，从我国城市生活垃圾收费的整体情况来看，具有几个特征：我国城市主要实施固定收费制或附在水费中征收，垃圾投放的边际成本为零；回收补贴没有实施，家庭进行垃圾分类回收的收益较低；我国垃圾分类回收的环境教育相对较弱，还处在“认知”阶段，到自觉实施阶段尚有距离。因此，家庭参与分类回收的收益低，而其参与分类与回收的成本比较高，导致家庭难以自然自愿地选择分类回收。

## 3.5 垃圾处理规制的必要性

### 3.5.1 对垃圾分类实施规制是社会发展的必然要求

从战略高度看，推进垃圾分类，实现垃圾减量化与资源化是中国式现代化在城市建设方面的必经之路。构建温馨洁净的社区环境，是绿色中国的切

---

① 广州对低值可回收物处理实行补贴每吨 90 元 [EB/OL]. 中国新闻网, https://www.chinanews.com.cn/cj/2015/02-16/7070458.shtml, 2015-02-16.

实体现。在中国式现代化进程中，高水准推进人的现代化，使全体人民文明素养得以极大提升，即从“传统人”向“现代人”的转变。“现代人”具有主体性、创造性和文明性。居民的文明性，体现在如市民环境意识增强，亲社会行为提升，在垃圾分类活动中能做到“知行合一”等。当微观上民众的垃圾分类行为发生改变，垃圾分类的社会新风尚才能真正形成。居民垃圾分类是攸关民生、推动生态文明建设、提高全社会文明程度的“关键小事”。在大中城市面临“垃圾围城”的背景下，我国陆续推进城市生活垃圾分类的强规制，如实施居民生活垃圾的按量计费、强制分类等，标志着中国城市生活垃圾处理由弱规制逐步转向强规制，垃圾分类的主要承担者由政府转变为家庭，家庭的垃圾分类责任逐渐强化。

我国的环境政策法规不断完善和调整，从 2000 年开始推进垃圾分类，到 2010 年推行垃圾分类的试点，到 2014 年提出实行垃圾分类，再到 2017 年垃圾分类法规进入部委文件。2019 年以来，各地相继出台了垃圾分类法规和政策文件，其中包括强制执行垃圾分类的规定。我国环境政策法规逐步引入，为垃圾分类实施强规制提供了民众教育、法律依据和政策支持。

随着我国近年实行垃圾分类以及多方位的舆论与宣传，公众对环境保护的认识逐渐加深，对垃圾问题的关注度也不断提高。越来越多的人意识到垃圾分类是每个公民应尽的责任和义务。在社会意识觉醒的推动下，政府必须采取更加有力的措施，通过强制执行垃圾分类政策，引导公众养成良好的垃圾分类习惯，形成全社会共同参与垃圾分类的氛围。

“垃圾围城”的现状，是城市生活垃圾处理服务供求失衡的典型表现。本书试图从城市生活垃圾的产生环节来分析，如何实现垃圾在抛投前的“源削减”。前文分析了城市生活垃圾现有的制度环境，得出企业的“降废”与家庭的“减量”都不会是企业与家庭基于成本收益分析的自然自愿选择的结论。换言之，在现有的制度环境下，企业与家庭都没有自动“分类—降废—减量”的利益驱动。因此，对城市生活垃圾投放实施强规制被认为是应对“垃圾围城”的有效工具。对垃圾产生或抛投的主体实行规制，被认为是改变企业相关生产行为，尤其是改变家庭分类与抛投行为的有效工具。

### 3.5.2　实施强规制的理论依据

针对生活垃圾的强规制通常为两种形式：强制分类和按量收费。强制分类是指以行政法规的方式要求投放垃圾的家庭或企业实施垃圾分类，否则将面临处罚。按量收费是指对垃圾按投放量来计费、收费。这两种规制手段通常配合使用。实施强规制的经济学理论依据有以下几个方面。

第一，从价格理论来看，当市场供求失衡时，价格是最常见调节手段。垃圾处理费由政府以行政收费的方式向家庭征收（通常由城市管理局的环卫处实行征收管理工作），而以财政补贴等方式向垃圾处理企业按量支付垃圾处理费。因此，垃圾处理费实质上为垃圾处理的价格，它是家庭向垃圾处理企业购买服务所支付的费用，这个过程中政府是家庭与垃圾处理企业的中介。因此，提高垃圾处理价格，可调节供求失衡，有助于解决“垃圾围城”。

第二，从边际决策角度来看，按量收费有助于垃圾产生者行为的收敛。如果按固定收费的模式，家庭抛投的垃圾其处理服务的边际成本为零。换言之，家庭不需要为多抛投的垃圾承担新的成本。当经济决策主体不需要为其行为承担成本时，必然会导致其抛投行为失去约束，产生降低社会效率的抛投量。

第三，按量收费有助于消除负外部性。庇古认为，对于排污企业因污染物对社会造成的损害应通过加征“庇古税”的方式将环境污染的外部成本内部化，使排污者的私人成本和社会成本一致，从而促使排污者主动控制排污。同样，当城市内人口密度加大，生活垃圾投放后的负外部性逐步显现。而由垃圾处理费价格结构或价格水平的原因，导致垃圾排放量过大，按量收费有助于纠正这种扭曲。

第四，城市生活垃圾处理属于准公共物品，由政府与家庭共同承担可体现公平与效率。在经济学对私人物品与公共物品的划分上，一般认为私人物品具有非竞争性与非排他性。而准公共物品，被认为有两个特征：一是在一定程度或范围内不具竞争性，二是可以有效地实现排他。城市生活垃圾处理，会洁净城市环境，家庭 A 的享受不影响家庭 B 的享用。因此，它在一定范围内具有非竞争性。城市生活垃圾的产生可以较为清晰地界定其生产者与投放者，因此，垃圾处理服务可以为 A 提供而不为 B 提供，这体现出它具有排他性。对于准公共物品的提供，公共经济学一般认为，它需要由私人与政府共同承担。一部分由垃圾的排放者来承担，可以体现控制垃圾减量的“效率”；但它同时又是公共事业的重要内容，部分成本从财政中支出，由政府提供，体现了垃圾处理服务的“公平”。这个公平是指，如果收入与生活水平较低的社会群体难以承担垃圾处理支出，则可由政府支付。

## 3.6　本章小结

导致“垃圾围城”的原因，一部分可以由垃圾产生增长来解释。通过对城市生活垃圾产生的环节进行分解分析，企业与家庭都可以为减少家庭最终的垃圾抛投量作出贡献：家庭可增加在垃圾分选与回收环节的时间投入，提高回收量，减少垃圾抛投量；企业可以减少包装投入量，选择更环保的包装材料，以及在产品包装上印制环境公益广告，提供垃圾分类知识，倡导绿色文化等。

家庭与企业尽上述勉力之责，能促使城市生活垃圾实现源头削减对整个社会来说，是一个合意的、经济的结果。

但作为家庭与企业的这些微观个体，在决定是否采取上述行为时，他们会进行成本收益分析。例如，家庭采取分类行为，需要获取分类信息、学习分类知识、增加分类时间等方面的投入，因而会产生家庭垃圾分类回收的成本。但在我国现有的城市生活垃圾收费模式下，多投放垃圾并不需要支付新增成本，即边际成本为零。反言之，家庭在垃圾分类与回收上投入上述成本，并不能获得收益。同样地，企业可以降低商品销售包装，但这极可能以它在同类产品中的竞争优势降低为代价；或者改变储存包装的材料，减少一次性材料使用，而改为可循环材料投入，这也会增加企业的成本；对企业来说运输包装可回收是经济的选择，但又面临着制度缺位，而导致实施的困难。

简单地说，垃圾处理价格规制是使垃圾分类回收的成本收益发生改变，家庭会对新的垃圾处理“价格水平”作出反应。垃圾分类回收的成本受到三个因素的影响：（1）垃圾分类回收的便利程度，便利程度越高，花费在垃圾分类环节的时间越短，则成本越低。因此，政府在倡导垃圾分类回收时，要注重在相关配套政策措施中降低垃圾分类的难度。（2）工资率，工资率越高，则家庭在该环节所费时间的机会成本越高。基于此，政府在对市民进行垃圾分类回收的普及与教育时，也要鼓励垃圾分类回收工作的专业化：家庭成员内部的分工化与社会的专业化。(3) 垃圾分类回收的心理成本，当垃圾抛投者与垃圾分类回收者为同一人时，心理成本最低。因此，政府的政策设计要鼓励在垃圾产生、抛投环节即分类。

本书分别以企业与家庭为研究对象，以成本收益分析为框架，发现在现有的制度环境下，企业与家庭都没有自然自愿地实施“降废”与“减量”的利益驱动。因此，宏观数据显示垃圾产生量在增加，而微观主体的分析显示，家庭与企业都无自动控制垃圾产生的动机。于是，就产生了个人理性选择与集体理性结果所要求的选择相背离的结果。也就是，城市层面“垃圾围城”，而个人方面无动于衷。那么，强化政府对垃圾产生过程的规制，以影响企业与家庭的垃圾产生与抛投行为，成为必需。

强规制通常表现为两种形式，即强制分类和按量收费。按量收费的首要目的并非在于获取财政收入以弥补垃圾处理的支出，而在于其作为经济杠杆，促进家庭的减量投入。从价格理论、边际决策理论、负外部性的控制以及准公共物品的提供角度等分析，垃圾按量收费都有其合理性。而对垃圾实施按量收费，除了促进垃圾减量的经济杠杆作用，还有促进公平、增加社会环境意识等功能。从减量机制来看，对家庭实施生活垃圾按量收费会促进家庭环节的直接减量效果，还会形成消费者行为倒逼生产者行为改变的间接减量效果。

| 第4章 |

# 城市生活垃圾规制：我国政策及其实施

在前文的引言、文献综述与规制必要性分析基础上，本章将对我国生活垃圾规制的政策与实践进行梳理。本章内容安排如下：首先，梳理我国垃圾处理的中央政策，为研究主题提供政策迁延的纵向脉络；其次，了解相关的国际经验，为我们的研究提供一个横向的政策参照系；最后，对我国地方实施强制分类情况进行收集与分析，呈现强制分类在全国的实施现状，也为后文社区视域下的垃圾分类提供合适的研究背景。因此，本章在全书中的功能是，为构建促进家庭有效参与居民生活垃圾强制分类的激励机制这一研究主题，提供政策的纵向脉络、国际的横向参照、具体的实施背景。

20世纪70年代，西方发达国家开始关注大城市垃圾处理供求缺口所引发的“垃圾围城”问题。从国际公约来看，旨在强化废弃物管理并禁止发达国家向发展中国家输出有害废弃物的《巴塞尔公约》于1989年签署，并于1992年正式生效。根据文献查证，我国对于垃圾的政策关注始于1979年前后。从《中国统计年鉴》数据上看，垃圾清扫量、垃圾无害化处理率等数据，1979年前并无相关记录。改革开放后，随着我国经济的迅猛发展，城镇化的推进、人口的集聚度增加、资源消耗加速、城市的规模增加、消费结构发生改变，城市生活垃圾的排放与处理逐渐成为生产生活中日益重要且严峻的问题。合理的规制措施有助于提高垃圾分类管理的效率，同时还可以利用人们的趋利性促使公众减少垃圾投放量，甚至引导公众更加科学和合理地进行消费，减少垃圾产生量，从而推进生态文明的健康发展。

随着城市垃圾分类与处理问题日益严峻，我国将“垃圾分类”置于关乎人民幸福生活、生态文明建设的战略高度。我国在2019年正式实施生活垃圾强制分类，其目的有三：一是培养公民环保意识和责任感；二是有助于促进垃圾资源化，建设人与自然和谐发展的美丽中国；三是垃圾分类有助于改善城市环境质量，符合中国式现代化对于人民幸福生活的追求。2019 年 6 月初，习近平总书记指出，“实行垃圾分类，关系广大人民群众生活环境，关系节约使用资源，也是社会文明水平的一个重要体现”。①

## 4.1 城市生活垃圾分类的部委法规分析

### 4.1.1 国家相关法规的发展

因为经济发展较晚的原因，我国关于废弃物管理的法律规章颁布晚于相关国际公约。城市生活垃圾管理属于公共管理范畴。针对它的相关制度安排，我国自 2000 年起陆续颁布相关法律。我国相关的政策法规，从颁布的主体与效力，从上至下，类型主要有：国家法律、行政法律、部委规章、地方性法规、地方政府规章，还有行业规范标准与规范性文件。这些法规对居民、企业等具有约束力，并已经初步形成体系。具体来说，包括法律 6 部、行政法规 4 部、部门规章 3 部、其他规范性文件 15 部。此外，一些地方根据实际情况制定了关于生活垃圾处理的地方法规。对城市生活垃圾处理的相关法规梳理如表 4－1 所示。

**表 4－1　我国涉及城市生活垃圾处理的主要有关法律法规**

| 序号 | 法规名称与发（颁）布或实施时间 | 颁布主体 | 关键内容或评述 |
|---|---|---|---|
| 【1】 | 《关于公布生活垃圾分类收集试点城市的通知》（2020 年 6 月 1 日发布） | 建设部 | 确定北京、上海、广州等八个城市为“生活垃圾分类收集试点城市”。个人或家庭的生活垃圾分类行为首次进入政策层面 |
| 【2】 | 《城市生活垃圾处理及污染防治技术政策》（2020 年 5 月 29 日发布） | 建设部、环保总局、科技部 | 确定了“减量化、资源化、无害化”的原则、垃圾产生的全过程管理，主张从源头减少垃圾的产生。对垃圾处理技术：卫生填埋、焚烧、堆肥等建议依环境、技术、设备、规模、综合治理等适当选择 |

① 垃圾分类：“新时尚”的美丽折射［EB/OL］. 中华人民共和国中央人民政府网，https：//www. gov. cn/xinwen/2019 －08/20/content_ 5422720. htm，2019 －08 －20.

续表

| 序号 | 法规名称与发（颁）布或实施时间 | 颁布主体 | 关键内容或评述 |
|---|---|---|---|
| 【3】 | 《中华人民共和国清洁生产促进法》（2003年1月1日起施行） | 全国人大及其常委会 | 我国的第一部关于清洁生产的法律。通过对利用废品生产和废品回收企业实施减征或免征增值税等税收杠杆鼓励其进入该产业。首次对产品和包装物进行法律规定：优先选择无毒无害、易于降解或便于回收利用的方案 |
| 【4】 | 《废电池污染防治技术政策》（2023年10月9日发布） | 国家环境保护总局 | 废电池的高污染性、与生活垃圾一同处理会导致严重环境污染等尚存争议。我国首次针对废电池的特殊性提出全过程管理，以实现污染物质总量控制目的。但未提倡集中收集与处理废电池 |
| 【5】 | 《中华人民共和国固体废物污染环境防治法》（2004年修订，2005年4月1日起施行） | 全国人大及其常委会 | 【3】是从清洁生产角度提出源削减与源控制，该法律着重关注固体废物污染的防治。【5】首次提出污染环境要实行污染者依法负责的原则，对城市生活垃圾的清运、分类收集和运输作出要求，以实现资源化与无害化；并要求城市政府部门统筹规划促进生活垃圾的回收利用工作 |
| 【6】 | 《关于加快发展循环经济的若干意见》（2005年7月2日发布） | 国务院 | 提出城市生活垃圾增长率控制在5%左右的目标；明确节约降耗、清洁生产、综合利用、发展环保产业是促进循环经济的重点工作；全面开征城市生活垃圾处理费 |
| 【7】 | 《废弃家用电器与电子产品污染防治技术政策》（2006年4月27日发布） | 环保总局、科技部、信息部、商务部 | 这是继【4】之后，又一项对专项废弃物进行利用与防治的部委规章，旨在建立相对完善的废弃家用电器与电子产品回收体系，以提升这类废弃物的环境无害化回收率和再利用率 |
| 【8】 | 《中国城乡环境卫生体系建设》（2006年1月20日发布） | 建设部 | 从规划层面出发，遏制城镇生活垃圾产生量和包装物品消费的快速增长态势；坚持把垃圾治理与污染防治纳入循环经济轨道，将垃圾末端治理调整为从源头至全过程整治；实现资源低消耗、经济高产出、垃圾低排放的目的；努力实现经济与环境双赢 |
| 【9】 | 《城市生活垃圾管理办法》（2007年7月1日起施行） | 建设部 | 这是我国首部专门针对城市生活垃圾管理的部委规章，实现了对我国城市生活垃圾系统管理部署。提出了城市生活垃圾“谁产生谁依法负责”的原则，并有明晰的惩戒规定 |
| 【10】 | 《再生资源回收管理办法》（2007年5月1日起施行） | 发改委、公安部、建设部、工商总局、环保总局 | 首次对“再生资源”进行了界定，并政策性地构建了详尽的管理体系。此法规鼓励企业资本进入再生资源行业，推动再生资源交易市场的建立。对各相关部门的管理职责进行了界定 |

续表

| 序号 | 法规名称与发（颁）布或实施时间 | 颁布主体 | 关键内容或评述 |
| --- | --- | --- | --- |
| 【11】 | 《中华人民共和国循环经济促进法》（2009年1月1日起施行） | 全国人大及其常委会 | 这是从国家层面提出的发展循环经济的国家法律。总体上要求在兼顾技术、经济和资源、环境的前提下，实施减量化优先的原则；要求地方政府支持废物的收集、储存、运输及信息交流，提高生活垃圾资源化率；限制一次性消费品的生产和销售；鼓励和推进废物回收体系建设 |
| 【12】 | 《关于限制生产销售使用塑料购物袋的通知》（2008年6月1日起施行） | 国务院 | 该法规影响了每位市民的生活，从2008年6月1日起禁止生产销售使用厚度小于0.025毫米的塑料购物袋；在所有商业场所实行塑料袋有偿使用制度。该法规以制度的形式，充分利用价格杠杆措施进行源削减，并向废塑料的回收倾斜 |
| 【13】 | 《“十二五”全国城镇生活垃圾无害化处理设施建设规划》（2012年4月19日发布） | 国务院（发改委、住建部、环保部编制） | 以政府规划的方式对规划的五年内城市生活垃圾的处理设施进行了细致目标定位：设施、技术。并对目标的实施，给予了较为可行的制度保障与经济支持 |
| 【14】 | 《中华人民共和国环境保护法》（2014年4月24修订，2015年1月1日起实施） | 全国人民代表大会常务委员会 | （1）首次对公民的环境保护意识有所提及，倡导公民低碳、节俭的生活方式，自觉履行环境保护义务；（2）对于生活废弃物的分类处置、回收利用，明确为地方各级人民政府之义务；（3）公民应当遵守环境保护法律法规，配合实施环境保护措施，按照规定对生活废弃物进行分类放置，减少日常生活对环境造成的损害 |

资料来源：笔者根据公开资料整理。

对表4－1中的14件法规进行分析，结合法规的实施效果，可得到如下结论：（1）首先，法规内容的涵盖面广泛，既有国家战略层面的“发展循环经济”，也有执行层面的，如“清洁生产”“再生资源回收”，还有对特别内容的专项制度，对废电池、废旧家用电器的特别处理法规。（2）对于城市生活垃圾分类与管理，在2000年、2007年中华人民共和国建设部两次特别立法，凸显了政策层对城市生活垃圾分类及管理的重视。然而，从实施效果来看，这些法规并没有在市民生活中切实实施并产生实效。主要原因在于全国性法规作出了原则性、方向性的规定，却未能对相关主体的责任与义务进行明确的界定。即缺乏明确要求、缺乏可操作性的指引。尤其是“倡导”性建议条款不构成约束，缺乏针对违规行为的惩罚措施，导致规定流于形式。（3）生活垃圾处理方面的法律法规还存在诸多问题。在资源化方面，立法的指导思想有偏差。在生活垃圾分类中通常将生活垃圾当作一种固体废物，忽视了生活垃圾中可回收利用的成分。《中华人民共和国固体废物污染环境防治法》着重于污染防治和末端处理，未能从法律层面鼓励生活垃圾的综合利用。（4）现行法律法规对城市生活垃圾处理的规定偏多，对农村生活垃圾处理的规定偏少；对生活垃圾的清扫、收集、运输、处置及管理活动涉及较多，而对垃圾分类涉及很少。1989 年通过的《中华人民共和国环境保护法》及其后续修订，首次对环保意识的引导、地方政府权利与义务、城市生活垃圾（“生活废弃物”）的分类放置等作了明确要求。这为我国 2017 年提出垃圾强制分类、2019 年正式在我国城市实施强制分类作了政策引导与预热，教育了民众并积累了共识。

### 4.1.2　我国生活垃圾强制分类的政策

由于我国庞大的城市人口基数、日益增长的消费水平，导致城市生活垃圾激增，生活垃圾处理问题凸显。为了应对这一挑战，我国开始积极推行生活垃圾强制分类的政策。自 2014 年来，我国陆续以中央领导小组发文，国务院、中央部委发文等形式，以行政法、上位法的方式引导地方政府颁布地方性法规，因地制宜地完成立法，促进各地级市的垃圾分类。

表 4 - 2 中列出的法规的名称，清晰地展示了我国垃圾分类推进的过程：2014 年，垃圾分类示范试点；2015 年制定“生态文明”战略高度的体制改革总体方案，由此前“点”的试行到“面”的总体设计；2017 年 3 月，颁布垃圾分类的“实施方案”，标志着垃圾分类由方案走入 46 个重点城市的实施；九个月之后的 2017 年 12 月“加快推进”重点城市的垃圾分类工作，在这些重点城市全面铺开垃圾分类实施；两年之后，2019 年 12 月，在全国地级及以上的城市全面开展生活垃圾分类；2020 年 11 月，住建部等十二部委发文“进一步推进”生活垃圾分类，该法规对垃圾分类管理提出了更为精细的要求，并提出 2025 年让居民普遍形成生活垃圾分类的习惯，让垃圾分类之行为内化于心；并提出全国城市生活垃圾回收利用率达到 35% 的具体量化指标，这是以法规的形式提出全国性垃圾回收目标。

**表4－2　　　　我国推动“垃圾分类”的法规**

| 序号 | 法规名称与发（颁）布或实施时间 | 颁布主体 | 关键内容或评述 |
|---|---|---|---|
| 【1】 | 《关于开展生活垃圾分类示范城市（区）工作的通知》（2014年4月29日发布） | 住建部等五部委 | 要求各地积极申报生活垃圾分类示范城市，并提出申报条件；对示范城市在主体责任明确、减量管理、因地制宜、厨余垃圾精细化分类、阶段性（到2020年）目标方面提出量化、全面、具体的要求 |
| 【2】 | 《生态文明体制改革总体方案》（2015年9月21日发布） | 中共中央、国务院印发 | 加快建立垃圾强制分类制度，制定再生资源回收目录，加快制定资源分类回收利用标准。建立资源再生产品和原料推广使用制度 |
| 【3】 | 《生活垃圾分类制度实施方案》（2017年3月18日发布） | 国务院办公厅转发 | 要求加快建立分类投放、分类收集、分类运输、分类处理的垃圾处理系统，形成以法治为基础、政府推动、全民参与、城乡统筹、因地制宜的垃圾分类制度，确定46个重点城市先行先试 |
| 【4】 | 《关于加快推进部分重点城市生活垃圾分类工作的通知》（2017年12月20日发布） | 住建部 | 从生活垃圾分类“目标任务”“系统建设”“加强组织领导”三个方面进行系统部署（建立定期报送工作机制，每月5日前报送上个月的进度，每季度对46个分类城市通报考核） |
| 【5】 | 《关于在全国地级及以上城市全面开展生活垃圾分类工作的通知》（2019年12月26日发布） | 住建部等九部委 | 在此前先行先试基础上，自2019年起在全国地级及以上城市全面启动生活垃圾分类工作；到2025年，全国地级及以上城市基本建成生活垃圾分类处理系统；垃圾分类全国统一为四类；加快生活垃圾分类系统建设；建立健全工作机制，确保取得实效 |
| 【6】 | 《关于进一步推进生活垃圾分类工作的若干意见》（2020年11月27日发布） | 住建部等12部委 | 全面加强科学管理、努力推动习惯养成、加快形成长效机制、加强组织领导；城市负主体责任，加快分类设施建设完善配套支持政策、政府推动，加强全链条管理；2025年居民普遍形成生活垃圾分类习惯；全国城市生活垃圾回收利用率达到35%以上 |
| 【7】 | 《中华人民共和国固体废物污染环境防治法》（2020年4月30日修订，2020年9月1日起施行） | 全国人大常委会审议通过 | 总则第六条，“国家推行生活垃圾分类制度”，生活垃圾分类坚持政府推动、全民参与、城乡统筹、因地制宜、简便易行的原则 |

资料来源：笔者根据公开资料整理。

2020年9月修订的《中华人民共和国固体废物污染环境防治法》总则的第六条指出，国家推行生活垃圾分类制度，并提出了总体原则。在中央规章之外，我国省、直辖市及城市的地方性法规密集出台，使得生活垃圾分类步入法治化、常态化、系统化、地方化轨道。

### 4.1.3　推进生活垃圾分类的“顶层设计”

除上述法规外，党中央、习近平总书记高度重视垃圾分类工作，多次部署并着力推动。通过多次会议关注及重要指示批示，对垃圾分类的战略定位、法律颁布、政策实施、舆论引导及国民环境教育等方面进行了顶层设计，为垃圾分类工作提供了明确的方向性引领。

2016年12月中央财经领导小组第十四次会议，[①] 在“解决好人民群众普遍关心的突出问题等工作”中，要求“普遍推行垃圾分类制度”，要求“加快建立分类投放、分类收集、分类运输、分类处理的垃圾处理系统，形成以法治为基础、政府推动、全民参与、城乡统筹、因地制宜的垃圾分类制度，努力提高垃圾分类制度覆盖范围”。

2018年12月中央全面深化改革委员会会议，通过“无废城市”建设试点工作方案。[②]“无废城市”，是以“新发展理念为引领，推动形成绿色发展方式和生活方式，持续推进固体废物源头减量和资源化利用，将固体废物环境影响降至最低的城市发展模式”，在于“最终实现整个城市固体废物产生量最小、资源化利用充分、处置安全的目标”。通过试点，探索“可复制、可推广的建设模式”，推进垃圾分类，实现垃圾的减量化与资源化，是建设无废城市的重要内容。

2020年9月中央全面深化改革委员会会议，通过《关于进一步推进生活垃圾分类工作的若干意见》，[③] 坚持党建引领，坚持共建共治共享，深入推进生活垃圾分类工作，提高生活垃圾减量化、资源化、无害化水平，要求全面加强科学管理，努力推动习惯养成，加快形成长效机制。

2021年4月中央政治局第二十九次集体学习，[④] 深刻阐述生态环境保护

---

① 中央财经领导小组第十四次会议召开［EB/OL］. 中国政府网，https：//www.gov.cn/guowuyuan/2016－12/21/content_ 5151201.htm，2016－12－21.

② 国务院办公厅关于印发“无废城市”建设试点工作方案的通知［EB/OL］. 中国政府网，https：//www.gov.cn/gongbao/content/2019/content_ 5363069.htm，2018－12－29.

③ 关于进一步推进生活垃圾分类工作的若干意见［EB/OL］. 中国政府网，https：//www.gov.cn/gongbao/content/2021/content_ 5581078.htm，2020－11－27.

④ 习近平主持中央政治局第二十九次集体学习并讲话［EB/OL］. 中国政府网，https：//www.gov.cn/xinwen/2021－05/01/content_ 5604364.htm，2021－05－01.

和经济发展的关系，指出“建设生态文明、推动绿色低碳循环发展，不仅可以满足人民日益增长的优美生态环境需要，而且可以推动实现更高质量、更有效率、更加公平、更可持续、更为安全的发展，走出一条生产发展、生活富裕、生态良好的文明发展道路”。着重强调“要实施垃圾分类和减量化、资源化”，“重视新污染物治理”，要求形成节约资源和保护环境的空间格局、产业结构、生产方式、生活方式，尤其是对治理体系，提出要“健全党委领导、政府主导、企业主体、社会组织和公众共同参与的环境治理体系”，“各级党委和政府要担负起生态文明建设的政治责任”。

2018 年 11 月 6 日习近平总书记在上海虹口区考察垃圾分类点，[①] 指出“垃圾分类就是新时尚”，“我关注着这件事，希望上海抓实办好”。2019 年 6 月 3 日习近平总书记作出重要批示，“实行垃圾分类，关系广大人民群众生活环境，关系节约使用资源，也是社会文明水平的一个重要体现”。[②] 2023 年 5 月 1 日习近平总书记回信勉励上海垃圾分类志愿者，“垃圾分类和资源化利用是个系统工程，需要各方协同发力、精准施策、久久为功，需要广大城乡居民积极参与、主动作为”。[③]

习近平总书记 2023 年 7 月 17 日在全国生态环境保护大会强调，推进生态文明建设需要处理好几个重大关系，其中包括外部约束和内生动力的关系。[④] 要有强有力的外部约束，包括“要有明确的边界、严格的制度”“坚持运用好、巩固拓展好强力督察、严格执法、严肃问责等做法和经验”。也要激发内在动力，“弘扬生态文明理念，培育生态文化，让绿色低碳生活方式成风化俗”。并再次强调，要进一步压紧压实各级党委和政府生态环境保护政治责任。

无论是中央会议精神，还是习近平总书记对垃圾分类这一关键小事的关心与关注，都反映了党和国家将我国垃圾处理问题置于“涉及党和国家事业

① 习近平寄语上海：勇创国际一流城市管理水平［EB/OL］. 中国政府网，https：//www.gov.cn/xinwen/2018-11/07/content_5338142.htm，2018-11-07.

② 习近平：培养垃圾分类的好习惯，为改善生活环境作努力，为绿色发展可持续发展作贡献［N］. 人民日报，2019-06-04.

③ 用心用情做好宣传引导工作 推动垃圾分类成为低碳生活新时尚［EB/OL］. 中国共产党新闻网，http：//cpc.people.com.cn/n1/2023/0523/c64094-32692380.html，2023-05-23.

④ 习近平：推进生态文明建设需要处理好几个重大关系［EB/OL］. 中国政府网，https：//www.gov.cn/yaowen/liebiao/202311/content_6915305.htm.

全局的重大工作”的战略高度，“集中统一领导，强化决策和统筹协调职责”，在垃圾处理上形成了顶层设计、总体布局、统筹协调与整体推进。习近平总书记以批示、考察、对志愿者回信的方式，更亲切、更贴近民众地呈现对垃圾分类的关注。在民意引导、媒体聚焦上体现，垃圾分类既是“民之所需”，更是“政之所向”。

## 4.2　我国城市生活垃圾的规制变迁

### 4.2.1　我国城市居民生活垃圾规制

对政策进行梳理，通过历史视角研究关于垃圾分类的政策变迁，有助于我们勾勒出政策的变化与走向（见表 4－3）。2017 年 3 月我国首次以政策形式要求 46 个城市推进城市生活垃圾强制分类，[①] 2018 年 6 月提出通过有条件的“计量收费和差别收费”来加快推进垃圾分类。[②]

**表 4－3　　我国城市生活垃圾规制的变迁**

<table>
<tr><th>时间</th><th>节点性规制</th><th>规制阶段</th></tr>
<tr><td>2000 年前</td><td>垃圾分类与否是个人或家庭的行为，完全未被关注</td><td rowspan="3">未规制阶段<br>（1978～2009 年）</td></tr>
<tr><td>2000 年</td><td>“北上广”等八个城市被作为垃圾分类试点城市，“垃圾分类”首次进入政策层面</td></tr>
<tr><td>2002 年</td><td>中央法规颁布，我国大中城市全面开征垃圾处理费，标志着垃圾处理成本由原来的政府完全承担转变为政府与家庭共同承担</td></tr>
<tr><td>2010 年</td><td>要求全面推行垃圾分类，促进垃圾分类的地方性法规相继推出，按量计费、回收补贴的方式在不同的城市开始试点实行</td><td>弱规制阶段<br>（2010～2016 年）</td></tr>
<tr><td>2017 年</td><td>我国 46 个大中城市开始推行“强制分类”，意味着我国城市生活垃圾分类是家庭不得不面临的“强规制”状态。2019 年 7 月 1 日，上海市正式实施生活垃圾强制分类</td><td>强规制阶段<br>（2017 年至今）</td></tr>
</table>

资料来源：笔者根据公开资料整理、划分。

① 2017 年 3 月 30 日国务院转发国家发展和改革委员会、住房和城乡建设部《生活垃圾分类制度实施方案》的通知，要求我国 46 个城市率先实施生活垃圾的强制分类。

② 国家发展和改革委员会出台了《关于创新和完善促进绿色发展机制的意见》，并在固体废物处理收费政策上提出创新点，完善城镇生活垃圾分类和减量化激励收费机制。

在我国首部推行生活垃圾强制分类的《上海生活垃圾管理条例（2019）》中，明确了“谁产生，谁付费”的原则，后续也有多个城市的地方性法规要求以计量收费来推进强制分类。因此，“强制分类 + 按量计费”逐步成为我国城市生活垃圾处理规制的主导方向。纵向来看，我国政策层面关注垃圾分类始于2000年、2002年我国开始在全国范围征收垃圾处理费，相关支出由公共财政支付转向部分由私人承担；2017年我国从政策上要求家庭强制分类，由此前的“鼓励”转变为“强制”。2019年开始在法规的实施层面推行城市生活垃圾的强制分类。结合相关时间节点，城市生活垃圾的管理制度可分为五个阶段，按照规制约束的松紧、被规制者承担成本的程度可以分为三种规制状态：未规制、弱规制与强规制。

### 4.2.2　我国城市居民生活垃圾进入强规制阶段

可将我国改革开放以来对城市生活垃圾的规制阶段划分为：（1）未规制阶段（1978～2009年），是指我国直到2002年才开始在大中城市征收垃圾处理费，是垃圾处理成本由家庭承担的开端。但除试点区域外，我国城市生活垃圾处理费实行固定费率，家庭支付的费用与垃圾抛投量无关。未规制阶段的特征为：家庭未被要求进行“垃圾分类”，包括经济上不需要为其支付经济成本，道义上不需要承担心理成本。（2）弱规制阶段（2010～2016年）：舆论上引导民众参与垃圾分类，以诉诸环保情怀的方式鼓励垃圾分类；对回收环节实施“回收补贴”以经济手段引导低值可回收物提高回收率，在极小的范围内实施按量计费的试点等。该阶段的规制特征为：经济上激励、道义上约束、舆论上强化家庭参与生活垃圾分类，但总体以激励引导为主、约束为辅。（3）强规制阶段（2017年至今）：2017年、2018年通过法规强制分类、按垃圾的投放量收费，通过行政命令或者承担经济成本的方式给家庭以硬约束，“倒逼”家庭实施垃圾分类，家庭都必须参与垃圾分类，否则就要面临惩罚。“强规制”具有以下特征：首先，作为被规制者的家庭对垃圾分类成本的承担比率显著增加；其次，对家庭的规制手段，由鼓励、激励转为约束，约束的松紧程度明显转变。

### 4.2.3　我国城市居民生活垃圾强规制的实施环境

从生活垃圾管理的国际经验来看，城市生活垃圾的规制通常经历由“松”

向"紧"、规制成本逐步从政府向个体转移、环境污染者与环境成本支付者匹配度逐步提高的过程。同时，城市生活垃圾的规制方式受城市发展阶段、民众环境意识、生活习惯等因素的影响，只有当规制方式与之相适应，规制才会具有好的效果（Crofts，2010；Ichinose & Yamamoto，2012）。我国的生活垃圾规制面临着以下的制度环境：(1) 民众垃圾分类意识相对薄弱。相较于西方发达国家，我国经济发展水平相对落后，民众缺乏环境保护意识。由于垃圾分类工作启动晚，民众缺乏垃圾分类意识，要求分类时也大多持有"垃圾分类与家庭无关"之陈见。(2) 外在的约束力量较弱，声誉机制等远未形成。由于垃圾分类尚未真正成为市民"生活习惯"的内容，对垃圾投放是否分类、分类是否正确等尚未形成共识，那么民间对违规抛投的"邻居约束"、声誉机制等远未形成。(3) 城市生活垃圾管理体系尚处待成熟阶段。城市垃圾分类的执行依赖于市、区、街道（乡镇）、社区、家庭等自上而下的管理推进。但我国自街道到社区居委会的生活垃圾管理体系依然在摸索中。家庭是千千万万个垃圾投放的行为者，对他们的垃圾分类与投放的行为要给予监管，是制度性的难题。

## 4.3　生活垃圾强制分类

从国际经验看，生活垃圾强制分类常与"按量计费"配套实施。而在《上海生活垃圾管理条例（2019）》中规定，"本市按照谁产生谁付费的原则，逐步建立计量收费、分类计价的生活垃圾处理收费制度"，包含强制分类与按量计费。强制分类，即要求居民对自己产生的生活垃圾承担分类投放的义务，否则会遭受惩罚或者承担成本，这种成本包括声誉的、精神的或者经济的成本。按量计费，则是遵照"谁污染，谁付费"的原则，由家庭按所投放垃圾的数量来承担垃圾的处理成本。

### 4.3.1　生活垃圾强制分类的国外城市实施

不少发达国家的城市，在面对"垃圾围城"时也会采用强制分类、按量计费的政策措施来促进生活垃圾的源头减量。由于他们的经济发展起步早于我国，垃圾处理的政策实施也早于我国。

笔者在整理生活垃圾强规制的政策与实施时发现，有些国家是采用法规方式进行硬性要求，也有些国家是采用类似手册或者规范等方式给予柔性引导。例如在日本，因其道德教育引入早，公民道德规范强，虽然未能正式地颁布法规，但在民众看来是“强制分类”。日本、挪威等国也是中央政府给地方政府以操作的自主权，各地方政府制定分类准则、实施时间有先后。强制分类是经济发展到一定程度、城市面临“垃圾围城”的常见政策措施。因为其“强制性”，所以，若不按规定分类则要面临罚款等；强制分类的行政性措施与按量计费的经济性措施通常组合使用。部分国家（城市）的强制分类措施如表4－4所示。

**表4－4　部分国家（城市）的强制分类措施**

| 序号 | 国家（城市） | 强制分类实施时间 | 按量计费的时间 | 备注 |
|---|---|---|---|---|
| 1 | 德国 | 1991年[a] | 1983年开始试点，20世纪90年代各州市陆续采用 | 按重量付费、罚款等措施 |
| 2 | 瑞士 | 1990年 | 1990年 | 根据垃圾袋的容量来支付处理费 |
| 3 | 挪威奥斯陆 | 1992年 | 1995年 | 按重量计费 |
| 4 | 荷兰阿姆斯特丹 | 1994年 | 1995年 | 荷兰各自治市实施时间差别较大 |
| 5 | 美国加州 | 1989年[b] | 1990年 | 对垃圾服务提供商要求按废弃物数量收费 |
| 6 | 韩国 | 2005年 | 2005年 | 垃圾袋定额制，实行按重量计费 |
| 7 | 日本 | 2000年[c] | 东京，2001年；川崎，2004年；千叶，2007年 | 分类细致，执行严苛 |
| 8 | 新加坡 | 未真正实行 | 未实行 | 只分“可回收垃圾”和“普通垃圾”两类，管理宽松 |

注：a. 欧洲废弃物框架指令首次于2008年发布，于2018年修订，为欧盟成员国垃圾处理的法律框架。它倡议实施强制分类和按量计费，但具体实施由各国自己决定。b.《加州废物资源管理法案》于1989年通过，但各地区的法规与实施时间不同。1990年，加州通过了关于“废物收益计划”的法案，提供了实施按量计费的法规依据。c. 日本垃圾管理的核心法规《资源循环型社会形成基本法》于2000年颁布，要求居民必须垃圾分类。日本各地区实施的时间不尽一致。

资料来源：笔者根据文献资料整理。

对于经济发达、城市洁净的新加坡来说，它是一个特例，它目前未实行垃圾的强制分类，垃圾也只分“可回收垃圾”“普通垃圾”两类，严格惩罚“乱丢垃圾”，而对垃圾分类是否准确，投放时间地点等近乎无要求。民众对垃圾分类承担的责任少，新加坡的洁净环境背后是市政的大力投入。当然，这种经验难以适用于人口众多、特大城市和大城市星罗棋布的中国。

### 4.3.2　生活垃圾强制分类在我国的推行

按照表4－2中相关法规的要求，将我国生活垃圾分类推行范围、推行进度与目标要求归纳为表4－5。显然，我国垃圾分类工作，如同我国很多政策实施一样，采用的是先试点，由点至面的过程。推进的过程如下：对试点的46个重点城市①，（1）要求建立地方性法规，旨在摸索出可复制、可推广的垃圾分类模式。（2）采取先试点某街道，再扩大示范区，再到全城推行的方式。（3）2017年底开始对重点城市实施日常考核机制并实施季度通报，要求2020年底生活垃圾回收利用率达到35%以上。（4）到2035年前，全面建立起城市生活垃圾分类制度，垃圾分类达到国际先进水平。

**表4－5　　我国垃圾分类实施的推行范围、进度与目标**

| 时间 | 法规名称 | 进度目标与要求 |
| --- | --- | --- |
| 2017年3月 | 《生活垃圾分类制度实施方案》 | （1）试点目标：到2020年底，要基本建立垃圾分类相关法律法规和标准体系，形成可复制、可推广的生活垃圾分类模式；（2）试点对象：直辖市、省会城市和计划单列市以及住建部确定的生活垃圾分类示范城市，共46个重点城市先行先试；（3）试点效果：在实施生活垃圾强制分类的城市，要求生活垃圾回收利用率达到35%以上 |
| 2017年12月 | 《关于加快推进部分重点城市生活垃圾分类工作的通知》 | （1）对试点城市的考核：建立定期报送工作机制，每月5日前报送上个月的进度，每季度对46个分类城市通报考核；（2）试点目标：2035年前，46个重点城市全面建立城市生活垃圾分类制度，垃圾分类达到国际先进水平 |

① 46个城市名单为：北京、上海、广州、深圳、天津、重庆、大连、青岛、宁波、厦门、石家庄、太原、呼和浩特、沈阳、长春、哈尔滨、南京、杭州、合肥、福州、南昌、郑州、济南、武汉、长沙、南宁、海口、成都、贵阳、昆明、拉萨、西安、兰州、西宁、银川、乌鲁木齐、苏州、邯郸、铜陵、宜春、泰安、宜昌、广元、德阳、日喀则、咸阳。

续表

| 时间 | 法规名称 | 进度目标与要求 |
| --- | --- | --- |
| 2019 年 12 月 | 《关于在全国地级及以上城市全面开展生活垃圾分类工作的通知》 | （1）全国地级市启动：2019 年起在全国地级及以上城市全面启动生活垃圾分类工作；<br>（2）推行目标：到 2025 年，全国地级及以上城市基本建成生活垃圾分类处理系统 |
| 2020 年 11 月 27 日 | 《关于进一步推进生活垃圾分类工作的若干意见》 | 截至 2025 年底：（1）全国城市基本建立配套完善的生活垃圾分类法律法规制度体系；（2）居民普遍形成生活垃圾分类习惯；（3）全国城市生活垃圾回收利用率达到 35% 以上 |

资料来源：笔者根据公开资料整理。

46 个重点城市的名单由直辖市、计划单列市、省会城市和住建部第一批垃圾分类的示范城市构成。之所以选择这些城市先行先试，一是这些城市具有较好的城市管理与环卫基础设施，具有推行垃圾分类政策的硬件基础；二是这些城市民众对环境保护、垃圾分类的认知水平，相对来说整体较高；三是这些城市大都人口密度大，对垃圾分类与减量有紧迫的需求。2019 年 12 月开始在全国地级以上城市全面启动垃圾分类，要求在 2025 年居民普遍形成生活垃圾分类的习惯，并达到回收率 35% 以上。根据在国家法律法规数据库的不完全统计，截至 2023 年 6 月 30 日已实施垃圾分类的地级以上城市达到 113 个。

从单个城市的立法与推行来看，2019 年《上海市生活垃圾管理条例》（以下简称《条例》）出台，标志着我国城市生活垃圾分类工作正式纳入地方法治框架，该法规明确居民应如何对垃圾进行分类，并对投放时间、投放点位等给予了具体要求，从定方向的上位法走向了可执行、能实施的地方性法规。法规还明确表述，对未按照规定分类投放垃圾的企事业单位、普通居民可给予的处罚措施，更显其“强制性”，而非以往的倡导性质。2019 年 7 月 1 日，居民生活垃圾强制分类在上海市正式实施，标志着我国垃圾分类真正进入“强规制”阶段，民众将承担起更多的垃圾分类责任。因此，我国垃圾分类政策从 2017 年部署，先从重点城市试行再推及全国地级市，今后将在我国所有城市推行，这是一个确定的趋势。

# 4.4　我国城市居民的生活垃圾处理费

## 4.4.1　我国垃圾处理费征收的历史

与其他餐饮企业、商铺、酒楼或者企事业单位的垃圾不同，家庭规模小而数量多，监管难度要远大于对企业、商铺的监管，因此，针对家庭的收费与规制一直相对谨慎。我国最早的垃圾收费为 1994 年前后收取的“垃圾收集与清运服务费”。随着城市的发展，我国大中城市逐步实现垃圾无害化清运与处理。2002 年 6 月，中央部委出台了相关规定，要求所有产生生活垃圾的单位都需要按规定缴纳垃圾处理费，征收对象包括国家机关、企事业单位、个体经营者、社会团体、城市居民和城市暂住人口等。因此，我国在 2002 年正式实行城市生活垃圾处理收费制度。该制度在统一征收原则的基础上，也将收费权与定价权交由地方政府掌控。而且，各城市的经济发展水平、人均收入水平有差别，我国各个城市的垃圾处理费征收标准、计征周期、定价水平等也不尽相同。

## 4.4.2　我国垃圾处理费计征方式

我国居民生活垃圾处理费的征收模式除了定额计费，部分城市还采用了根据居民用水量计征的“水消费量折算系数法”，即通过测算各类用户垃圾产生量和用水量的对应关系，得出各类用户每用 1 吨水应缴的垃圾处理费，并随水费一同征收。深圳市是最早一批用该征收方法实现生活垃圾“按量计费”的城市。截至 2023 年 7 月，采取同样做法的城市还有广州市、中山市、合肥市、东莞市等。有些城市将垃圾处理费和水费一起计征，但是只是改变征收方式，并不影响收费水平。广东省物价局、广东省住建厅在 2023 年出台《关于规范城乡生活垃圾处理价格管理的指导意见》，对于居民生活垃圾收费给出了三种计费方法以供讨论：定额计费、按产生量计费、用水消费量折算系数法计费。鼓励采取供水、污水和生活垃圾处理统一收费和代扣代缴等收取方式，提高收缴率，降低收费成本。例如，广西钦州市生活垃圾处理年收取额由 2013 年的 317 万元提高到 2020 年的 1602 万元，收缴率由 35.2% 提高至 95%，征收成本年节约近 90 万元。[①]

### 4.4.3 我国部分垃圾处理费水平

笔者收集整理了 18 个大城市的垃圾处理费，尤其是比较了在垃圾强制分类实施前后这些城市垃圾处理价格水平、计价方式有否变动，通过对表 4 – 6 的数据整理分析，有四点发现：（1）近 5 年内，只有 3 个城市没有变更垃圾收费价格。在 2019 年后更新垃圾收费水平的城市有 10 个，占观察城市的 56%。可见，在我国城市推行垃圾强制分类后，垃圾收费水平或模式也在配套调整。（2）有深圳、合肥与东莞三个城市采取附在水费中征收，实施“用水消费量折算系数法”，实现“按量计费”。它的逻辑是，用水量大的家庭通常产生垃圾多，因此以用水量来表征“垃圾产生量”。这种计征方法能实现环境公平，谁污染谁付费。但它的局限性在于不是真正以垃圾投放量来度量，无法构成对有效分类、源头减量的经济激励。（3）表 4 – 6 中第五至第七栏呈现了近年推进的垃圾处理价格水平和计价方式。在垃圾处理收费初征阶段，很多城市对常住人口、暂住人口的垃圾处理费给以区分定价。目前很多城市取消了这一区别定价，开始采取对有物业服务社区和无物业服务社区进行区别定价的新方式。有物业公司管理，说明家庭已通过缴纳物业管理费的方式为垃圾在小区内的清运支付了费用。而没有物业公司管理的家庭，或说该家庭所处的社区，由社区来承担保洁、垃圾清运工作等，因此无物业公司管理类别家庭，需要缴纳更高的垃圾处理费。这一变更，说明我国的垃圾处理管理工作更加精细。（4）表 4 – 6 的 18 个城市中，目前仍未有城市真正实现居民生活垃圾按垃圾投放量“按量计费”，因此，也就难以对垃圾分类与源头减量产生真正的激励作用。很简单，例如，在深圳市，民众实施垃圾分类，减少垃圾投放量，并不会节约他家庭的垃圾处理费。反之，节约用水则会。

---

① 国家发展和改革委员会价格司．部分地方实行按“水消费量折算系数法”收缴生活垃圾处理费 [EB/OL]. https://www.ndrc.gov.cn/fggz/jggl/dfgz/202206/t20220615_1327337_ext.html, 2022 – 06 – 15.

**表4-6　　我国部分大中城市居民生活垃圾处理费收费标准**

| 城市 | 常住人口 | 暂住人口 | 定价年份 | 常住人口 | 暂住人口 | 定价年份 |
|---|---|---|---|---|---|---|
| 北京 | 3元/户·月 | 2元/人·月 | 2014 | 30元/户·年 | | 2022 |
| 广州 | 5元/户·月 | 1元/人·月 | 2002 | 5元/户·月 | 1元/人·月 | 2022 |
| 天津 | 10元/户·月 | | 2002[c] | 5元/户·月[a]<br>3元/户·月[b] | 2元/人·月 | 2018 |
| 深圳 | 13.5元/户·月 | | 2007 | 0.59元/立方米 | 13.5元/户·月 | 2021 |
| 南京 | 5元/户·月 | 4元/人·月 | 2002 | 5元/户·月[a]；2.5元/户·月[b] | | 2017 |
| 南宁 | 8元/户·月 | | 2010 | 8元/户·月 | | 2010 |
| 昆明 | 8元/户·月 | 2元/人·月 | 2002[2] | 10元/户·月 | 2.5元/人·月 | 2019 |
| 重庆 | 8元/户·月 | 2元/人·月 | 2011 | 8元/户·月 | 2元/人·月 | 2011 |
| 福州 | 6元/户·月 | 5元/ 人·月 | 2002[c] | 9元/户·月[a]<br>6元/户·月[b] | 5元/人·月[a]<br>2元/人·月[b] | 2018 |
| 西安 | 2元/人·月 | 1元/人·月 | 2004 | 2元/人·月 | | 2005 |
| 杭州 | 50元/户·年 | | 2010 | 40元/户·年 | 3元/人·月<br>或40元/户·年 | 2018 |
| 呼和浩特 | 2元/人·月 | 3元/人·月 | 2002[c] | 5元/月·户 | | 2006 |
| 合肥 | 1元/人·月 | | 2002[c] | 按居民生活用水的用水量附加计价征收，0.3元/吨 | | 2019~2023 |
| 成都 | 8元/人·月 | | 2005 | 8元/户·月 | | 2019 |
| 厦门 | 3元/人·月 | | 2012 | 10元/户·月[a]<br>3元/户·月[b] | 10元/户·月[a]，3元/户·月[b]；非独立租住，4元/人·月 | 2022 |
| 东莞 | 13元/户·月 | 4元/人·月 | 2009 | 有用水计量装置的用户：0.64元/立方米[a]；0.512元/立方米[b]；无用水计量装置的用户，10元/户·月 | | 2019 |
| 包头 | 3元/户·月 | 1元/人·月 | 2008 | 3元/户·月 | 1元/人·月 | 2021 |
| 连云港 | 2元/户·月 | 5元/户·月 | 2009 | 5元/户·月 | | 2022 |

注：a. 为无物业管理的价格，这类社区生活垃圾的收集由社区负责。b. 为有物业管理费的价格，生活垃圾的收集由物业负责，转运与处理多由市政负责。c. 天津、昆明、福州、呼和浩特、合肥五个城市调整前的定价年份，未能查到确切时间，按我国城市征收垃圾处理费的统一推定为2002年。

资料来源：笔者根据公开资料整理。

## 4.5　强制分类的地方性法规

### 4.5.1　我国地方性法规的颁布情况

如表 4－2 所示,《生态文明体制改革总体方案（2015)》《生活垃圾分类制度实施方案（2017)》《关于加快推进部分重点城市生活垃圾分类工作的通知（2017)》《关于在全国地级及以上城市全面开展生活垃圾分类工作的通知（2019)》《关于进一步推进生活垃圾分类工作的若干意见（2020)》陆续颁布，在这个过程中，地方政府进入政策的制定与执行阶段。截至 2020 年底，我国 31 个省级地方政府（不含港澳台地区）发布了以社区生活垃圾分类为主题的地方规章。根据我国法律数据库收集的数据，自 2017 年以来，我国各省份颁布的关于生活垃圾分类的地方性法规，统计数据如表 4－7 所示。统计对象将关于生活垃圾（包括城市和农村生活垃圾分类）的法规；标题含“生活垃圾”“农村生活垃圾”“餐厨垃圾”“厨余垃圾”的法规都计入统计，不包括针对建筑垃圾的管理条例。建筑垃圾的管理条例在 2017 年、2018 年颁布相对较多。将 2017 年以来的相关数据收集整理如表 4－7 所示，其中 2023 年的数据截至 2023 年 6 月 30 日。

**表 4－7　　生活垃圾分类政策地方性法规数量**

| 项目 | 2017 年 | 2018 年 | 2019 年 | 2020 年 | 2021 年 | 2022 年 | 2023 年 | 共计 |
|---|---|---|---|---|---|---|---|---|
| 数量 | 3 | 16 | 15 | 31 | 34 | 15 | 6 | 120 |

资料来源：笔者根据法律数据库收集整理。

显然 2019 年要求在全国地级及以上城市全面开展生活垃圾分类工作后，我国垃圾分类的地方性法规在 2020 年、2021 年到达颁布的高峰，分别有 31 部、34 部。截至 2023 年 6 月，该年度颁布的地方性法规为 6 部，说明我国生活垃圾强制分类已由制度的提供阶段，逐步走入政策实施与落地阶段。后文本书将就我国三个一线城市上海、北京与广州的垃圾分类进行梳理与对比分析。

### 4.5.2　基于地方性法规比较：垃圾减量的技术路线

上海是我国第一个全面强制推行垃圾分类的城市，北京作为首都，在上海推行全市生活垃圾强制分类八个月后也步入行列。广州相关法规颁布在 2018 年，体现为法规先行，逐步扩大实施范围。对北京、上海、广州三个城市的法规进行分析对比，三个城市呈现的垃圾分类及减量的“技术路线”是不同的，可整理如表 4－8 所示。上海与广州的规定都强调居民在垃圾分类中的主体责任，并以此为逻辑起点着力促进垃圾分类这一行为。北京将整个垃圾管理链条延伸到垃圾产生之前，对生产者与销售者的过度包装、快递企业的包装材料与形式、餐饮经营者与餐饮配送者等都给予了具体指引与限制性要求。《北京市生活垃圾管理条例》管理范围不限于垃圾产生后的分类投放、分类清运与分类处置，而是将控制链延长到垃圾产生前，目的在于减少垃圾产生，实现垃圾产生的源头减量。

**表 4－8　　三部法规的垃圾减量逻辑**

| 城市 | 法规名称 | 实施时间 | 减量路线 |
|---|---|---|---|
| 上海 | 《上海市生活垃圾管理条例》 | 2019 年 7 月 1 日 | 通过强调居民责任、推动资源回收利用、规范垃圾处理方式、加强监管与执法以及增强宣传教育力度等多方面的措施，促进垃圾分类工作的顺利实施，实现可持续发展和建设生态环境友好型城市的目标 |
| 北京 | 《北京市生活垃圾管理条例》 | 2020 年 5 月 1 日 | 通过减少垃圾产生量、提高资源回收利用率、促进生活垃圾安全处理、加强监管与执法以及强化宣传教育等多方面的措施，推动垃圾分类制度的实施，达到环境保护和可持续发展的目标 |
| 广州 | 《广州市生活垃圾分类管理办法》 | 2018 年 7 月 1 日 | 通过强调居民垃圾分类责任、设立垃圾分类基础设施、推动资源回收利用和生活垃圾安全处理、加强管理监督力度以及设置处罚措施等多方面的措施，推动垃圾分类工作的有效实施，实现资源循环利用和环境保护的目标 |

资料来源：笔者根据公开资料整理。

### 4.5.3 三部法规的政策差异

三部法规在具体实施细节上也略有差异。体现在：(1) 垃圾分类的类别不同。上海将生活垃圾分为可回收物、有害垃圾、湿垃圾和干垃圾四大类，北京和广州相同，将其分为可回收物、厨余垃圾、有害垃圾和其他垃圾四大类。(2) 法规对垃圾分类的指引也有不同，北京市着重于居民使用分类容器、提供垃圾袋以及设立分类指导员；上海市强调通过宣传教育来提高环境道德，着重于垃圾分类知识的培训和垃圾分类技能的提高；广州则要求部门进一步细化、实化标准，因地制宜。(3) 垃圾减量的侧重点不同，北京市侧重可回收物的分拣和资源回收利用；上海市侧重有害垃圾、湿垃圾、干垃圾的专门处理；广州市最大的聚焦点在于餐厨垃圾的资源化利用。(4) 约束松紧程度不同。虽然都强调垃圾的强制分类，但在违反垃圾分类管理要求时的处罚不同。北京市对不按规定分类投放垃圾的个人和单位，给予较高的罚款额；上海市与广州市，给予“罚款”“批评教育”或“责令改正”处分。(5) 管理机制有不同。北京市设立了市级、区级和街道办等多级管理机构；上海市主要由市级和区级垃圾分类管理部门负责；广州市的管理由市级主管部门牵头，协调各区的管理工作。

北京、上海与广州三部法规的比较，可以用“大同小异”一词概之。三部法规皆以减少垃圾生成、资源回收利用和环境保护为目标，通过明确分类要求、建立管理机制、加强宣传教育和监督检查等手段，促使全社会形成积极参与垃圾管理的局面，实现城市垃圾管理工作的科学化和规范化。

## 4.6 《上海市生活垃圾管理条例》的解析

上海是我国第一个正式实施居民生活垃圾强制分类的城市，《上海市生活垃圾管理条例》为我国很多城市所借鉴学习。条例内容展示了地方城市对垃圾分类工作的规划、安排、组织与管理，故本节将对其作一个简要的解析。

### 4.6.1 《上海市生活垃圾管理条例》的总则

第一，是依据上位法《中华人民共和国固体废物污染环境防治法》《中华人民共和国循环经济促进法》《城市市容和环境卫生管理条例》等法律、行政法规，而颁布上海市地方性法规。第二，该条例涉及“生活垃圾管理”，包括垃圾从源头产生，到投放再到处理全链条的整个过程管理。第三，生活垃圾管理的目标是实现生活垃圾减量化、资源化、无害化。第四，确定垃圾的四分法：可回收物、有害垃圾、湿垃圾、干垃圾。第五，对市、区级政府，对市属部门、街道办还有单位和个人在生活垃圾管理中的责任进行了划分。第六，强调宣传教育的作用，鼓励新技术在垃圾管理中的运用。

### 4.6.2 《上海市生活垃圾管理条例》的具体内容安排

《上海市生活垃圾管理条例》全文共包括十章六十五条，各章的名称与简要内容可梳理如表 4 –9 所示。首先，从总体来看，共十章，主体内容为中间八章。第三章“促进源头减量”、第四章“分类投放”、第七章“社会参与”、第八章“监督管理”、第九章“法律责任”，对生活垃圾强制分类在各级政府的分工、在社区的实施、在社会的动员，以及实施情况的监督与管理、违规的法律责任都给出了清晰的界定。对于全文的章节与条目的分布、对各章内容的简要摘录与分析，如表 4 –9 所示。

**表 4 –9　　《上海市生活垃圾管理条例》内容分析**

| 章序号 | 名称 | 内容简要（共六十五条） |
|---|---|---|
| 一 | 总则<br>（十条） | 为该地方法规制定进行方向性说明 |
| 二 | 规划与建设<br>（五条） | 为法规实施提供制度构建与资源；区级政府将其纳入发展规划；市绿化市容部门编制生产垃圾处置专项规划；市、区绿化市容部门组织实施；市区发改部门负责设施用资金和土地规划 |
| 三 | 促进源头减量<br>（七条） | 将生活垃圾管理延伸至生产者与经营者；要求企业清洁生产，在源头实现简约包装；市场监管部门与邮政部门要促进快递包装物减量和循环使用；要求电商企业推进绿色包装、循环包装；为市农业农村与商务部门推进净菜上市，配备农贸市场湿垃圾处理设施；要求市绿化市容部门建立湿垃圾处理标准；党政机关、事业单位、企业、社会团体减少使用一次性办公用品，餐饮及旅馆业不使用一次性用品；倡导个人适量消费的规定 |

续表

| 章序号 | 名称 | 内容简要（共六十五条） |
|---|---|---|
| 四 | 分类投放（五条） | 责任主体与各种条件下的管理责任者：垃圾分类的责任主体是垃圾的产生者；分类投放的管理单位因情况而异：机关、企事业单位、住宅小区及其他团体由物业服务公司负责管理；由业主自行管理的，业主为管理责任人；农村由村民委员会负责管理；公共场所由其管理部门或物业服务公司负责 |
| 五 | 分类收集、运输、处置（七条） | 主要体现为技术性要求与规范，具体包括：从事垃圾处理的单位资质审核要求；对可回收物、干垃圾、湿垃圾的收集和运输要求；收集运输垃圾的执行规范；可回收物收集、运输要求；有害垃圾、干垃圾、湿垃圾的处理方法 |
| 六 | 资源化利用（五条） | 资源化利用的途径：对可回收物回收利用项目的支持、监督及指导；支持符合标准的湿垃圾在农业生产领域的推广应用；推广干垃圾焚烧产生的热能应用，炉渣、飞灰等的综合利用 |
| 七 | 社会参与（八条） | 构建促进居民参与垃圾分类的社会性支持系统：推广生活垃圾科普教育；推进生活垃圾管理的全员参与；将生活垃圾管理纳入城市及街道卫生评比；将生活垃圾分类要求纳入居民公约和村规民约；对居民生活垃圾分类的物质和精神奖励；对生活垃圾分类的监督管理 |
| 八 | 监督管理（七条） | 对垃圾管理的个人与单位的评价和监督：实施生活垃圾管理的定期公开及评估；生活垃圾处理的环境监督；生活垃圾分类收集、运输活动应当纳入城市网格化管理；跨区域处置环境补偿制度；建立和完善生活垃圾管理的综合考核制度 |
| 九 | 法律责任（八条） | 对负有责任的个人与单位给出处罚细则，体现"强制性"；对农贸市场、菜市场、餐饮服务企业、旅馆等违反本条例的予以处罚；对生活垃圾未分类投放的个人予以处罚；有关管理责任人未按规定配备设施及驳运的予以处罚；不按规定处置垃圾的予以处罚 |
| 十 | 附则（三条） | 其他：对餐饮企业餐厨及油脂、大件垃圾、电子电器产品、工业废品、危险品等垃圾处理进行专门规定 |

资料来源：笔者根据公开资料整理。

### 4.6.3 各级政府、行政部门的分工

上海市构建了从上到下、完整的垃圾处理管理架构，上海市人民政府对上海行政区域内的生活垃圾管理进行制度设计与统筹安排。市属绿化市容部门是主管单位。其他发展改革部门、房屋管理部门、生态环境部门、城管执法部门分别对垃圾处理规范、垃圾处理设施设备、用地管理、物业公司管理、垃圾收集驳运要求等进行全方位管理。可将分工绘制成框架

图 4 - 1。

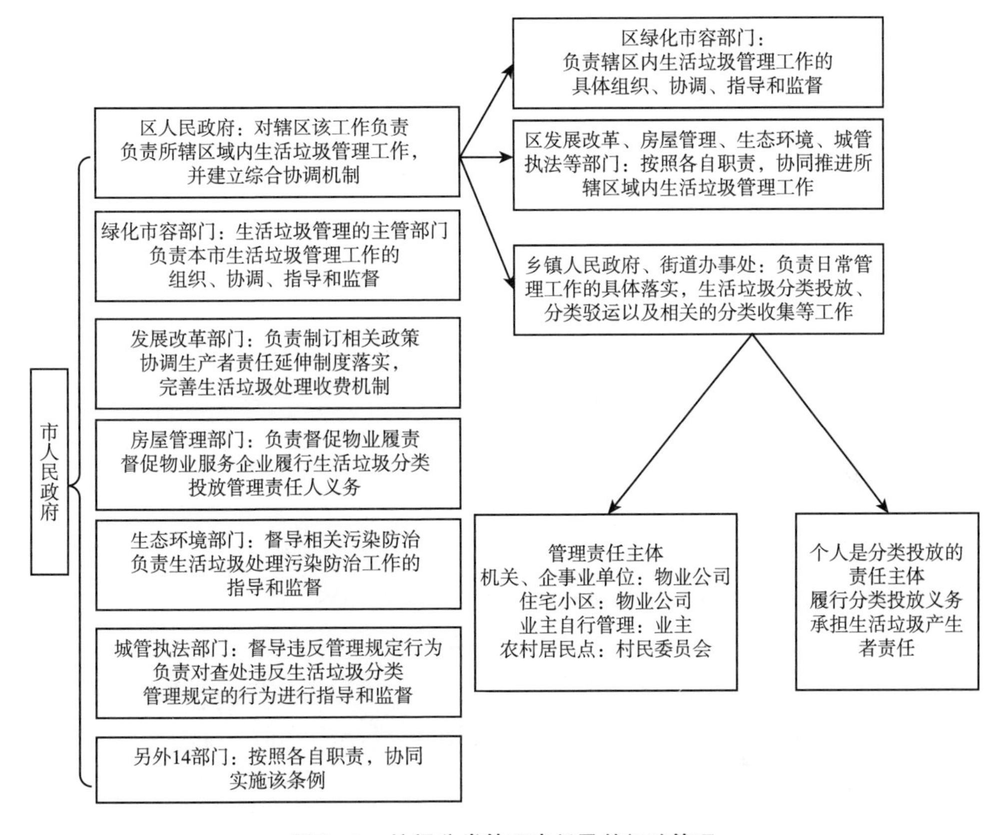


**图 4 - 1　垃圾分类管理责任及其行政管理**

资料来源：笔者绘制。

由上海市人民政府领导，上海市绿化市容部门主管，在上海市属相关部门中进行分工，并要求另外 14 部门“协同实施”该条例。区人民政府负责所辖区域内生活垃圾管理工作，并建立相应的综合协调机制。而基层的乡镇人民政府、街道办事处负责所辖区域内生活垃圾分类投放、分类驳运以及相关的分类收集等日常管理工作的具体落实。个人是分类投放的责任主体。

## 4.6.4　垃圾分类的社区实施

图 4 - 1 的右半部分显示，垃圾分类的责任界定，从上至下：从区级到

乡镇（居委），再到个人。社区居委会，是我国的基层自治组织，并不属于基层行政机构。虽然，在相关的理论研究与本书调研中，街道对社区不再是理论上的“指导与被指导”关系，而是事实上的“领导与被领导”关系。因此，在图4-1中没有体现出社区在行政管理的“位置”，而是在第7章“社会参与”中以“将生活垃圾分类要求纳入居民公约和村规民约”体现。垃圾分类的责任人是产生垃圾的单位和个人。管理责任主体也是一个重要“主体”。常见的企事业单位、机关团体、物业小区，其责任主体是物业公司；如城中村常见的农民自建房，其责任主体是业主；农村居民点的责任主体是村民委员会。因此，不同场景，其责任主体不同，也就会导致垃圾分类政策实施的运行模式不同。

## 4.7 本章小结

我国对垃圾处理的相关政策经历了20多年的政策完善、试点与逐步推行。我国的城市居民生活垃圾处理，以2017年两个法规颁布为标志（见表4-5），显示我国垃圾处理进入强规制阶段，从先行先试的试点到目前已在全国地级及以上的城市实施。欧洲、美国、日本等地区或国家的相关经验显示，它们的强规制手段常以“强制分类+按量计费”的组合政策实施。我国目前的垃圾处理费的计征仍然是固定收费。近几年，不少城市对垃圾处理费的征收水平、收缴模式有新规定。有个新变动值得关注，那就是更多城市在垃圾处理收费定价公告上，对有物业管理的小区和无物业管理的小区作了定价单列，说明城市管理中两个类型的小区大量存在。这对本书将社区类型进行“开放型社区”和“封闭型社区”分类分析，提供了一个事实支持。实施按量计费、多污染多收费的政策方向已体现在北京、上海与广州等城市推进垃圾分类的地方性法规中。可以预见，实施按量计费将是我国提高垃圾分类规制强度的下一步政策措施。

如表4-7所示，对法律数据库整理显示，我国关于垃圾分类的地方性规章目前已达120部，对北京、上海、广州的法规比较分析发现，三个一线城市在法规的目标、措施安排上“大同小异”，但在组织安排、具体要求上有所差异。对我国最早实施强制分类的《上海市生活垃圾管理条例》进行解析，展示了地方性法规是怎样界定各级政府（包括市级、市属部门、区级、街道）的职责分工，也呈现了社区的类别、管理责任主体差异等。本章的法规梳理，为后续内容研究提供了一个政策由上位法到部委规章、到地方性法规的推行路线，而对地方性法规的解析则为后续将垃圾分类置于社区环境下的研究，提供了政策路径。

# 第5章

# 两种经济激励模式的有效性比较分析

针对城市生活垃圾处理的规制，按量计费政策常常与强制分类配套使用。2017年3月，国家发展改革委、住房和城乡建设部颁布的《生活垃圾分类制度实施方案》中，将“按照污染者付费原则，完善垃圾处理收费制度”作为生活垃圾分类“完善支持政策”的内容。相应地，在地方性法规中也有体现，如北京与广州在各自地方性法规都有“逐步建立计量收费、分类计价、易于收缴的生活垃圾处理收费制度”的表述，上海也有类似表述。共同的点是将“计量收费”作为经济的激励或约束力量，来促进垃圾分类。虽然此前我国少数城市在社区试点推行垃圾分类按量计费，但是目前我国尚未有城市正式实施。生活垃圾的按量计费既是部委法规中要求，也是地方性法规要实施的。回收补贴是目前我国很多城市在实施的，尤其是对低值可回收物，如废旧玻璃、废旧陶瓷、废塑料等进行补贴。

实施按量计费，会使居民不实行垃圾分类这一行为的相对成本发生改变，从而激励居民改变垃圾分类行为。当微观个体因为经济激励改变其分类行为，就会在社会层面体现为垃圾分类效果，如资源回收率提高，待处理的垃圾就会减少。在城市垃圾量激增、垃圾处理成本迅速增长的背景下，固定收费的模式备受质疑：抛投垃圾的边际成本为零，家庭不需要为垃圾抛投量承担边际成本，因此，家庭没有动力去实施垃圾的减量。依据外部性理论，家庭垃圾投放的私人成本小于社会成本，垃圾投放量大于理论上的最优水平，它被认为是导致“垃圾围城”的重要原因，故必须通过“多排放，多付费”实现外部成本内部化，进而实现垃圾的减量。

## 5.1　垃圾分类经济激励的形式

在实施强制分类条件下，如果居民不按规定进行垃圾分类，通常会面临罚款，也就是要承担经济成本。根据本书的调研，实施垃圾按量计费，主要是针对最后需要焚烧处理的垃圾。对于如废纸旧书报、废旧金属等高价值可回收物，由于其本身具有回收的高经济价值，在政府不实施干预的条件下，在市场机制下该部分垃圾也会自然地被加以分类回收。这个分类与回收的实施者，可能是家庭自己回收，也可能是物业保洁人员或拾荒者。在我国城市生活垃圾中，厨余垃圾通常占重量的 60% 左右，在我国现在统一分四类的垃圾分类体系中，厨余垃圾单独分开投放，不需要计入付费。因此，若家庭严格执行垃圾分类，最终要流入按量计费的垃圾量占比可能 20% 左右。按量计费是对严格认真执行垃圾分类家庭的一种经济激励，他们可以因此少支付垃圾处理费。反之，对不实行垃圾分类的家庭，按量计费或因未实施按量计费而引致的行政罚款，就是一种负向激励。广州等一些城市还对低价值可回收物实行回收补贴，以此激励低价值可回收物实现回收。因此，在强制分类要求下，对投放垃圾实施按量计费、对低价值可回收物实施回收补贴、对违规投放实施行政罚款，是经济激励的三种形式。本章旨在探讨经济激励对家庭在垃圾投放行为决策中成本与收益的改变，并通过垃圾的减量效应来表征经济激励对居民投放行为的影响。

本书对经济激励效应的研究，理论分析主要体现在第 5 章、第 6 章，针对经济激励的实证研究体现在第 8 章和第 9 章。本章以居民为研究对象，以固定收费模式为参照，分析按量计费和回收补贴两种模式对居民垃圾投放的行为改变。经济激励的收益以垃圾回收量衡量，再比较分析两种模式的实施成本，进而对两种模式的有效性比较。

## 5.2　经济激励的减量逻辑

对垃圾处理实施价格规制的目的在于降低垃圾进入最终环节的处理量。

当实现垃圾的按量计费，会对家庭的相关行为产生影响。可以将经济激励对垃圾减量的影响分成两个部分加以分析，如图 5 - 1 所示。

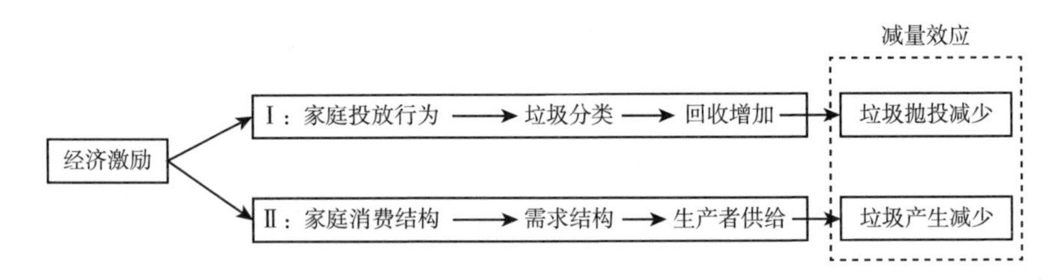


**图 5 - 1　垃圾处理经济激励的减量效应**

资料来源：笔者绘制。

### 5.2.1　经济激励的减量链

第一部分影响，即为图 5 - 1 中Ⅰ链，经济激励改变家庭的垃圾投放行为，这是垃圾规制的直接影响。例如在广州的实践中，要求垃圾实行“干湿分开”，“湿”即为厨余垃圾，该部分垃圾不收费，而其他垃圾按量计费。家庭在垃圾抛投阶段会通过分类来降低要收费的垃圾处理量，以节约其相应支出。第二部分影响，即为图 5 - 1 中的Ⅱ链，经济激励改变家庭的消费行为，进而倒逼厂商的供给行为。当按量计费的制度为家庭所接受后，家庭还会在消费行为与消费结构上选择产生垃圾量少的消费品。家庭会潜意识地将垃圾处理费这一消费后的“成本”附加到商品现有价格上，从而家庭面对各商品的价格为一复合价格，它等于“商品市场价格 + 消费后产生的垃圾处理成本”，价格的变动进而影响家庭的消费选择，家庭的选择会进一步倒逼生产者的市场供给。这种生产者行为的改变，除了降低垃圾处理量，节约垃圾处理成本，还将促使生产包装上的资源节约等。

### 5.2.2　两条减量链的对比分析

可以通过两个影响链条分析二者的区别。（1）两者分别影响垃圾的存量与增量。Ⅰ链显示的影响，改变的是垃圾存量，即商品在消费后、已产生即定量垃圾的阶段。Ⅱ链改变的是垃圾的增量，即在商品尚未被消费、垃圾尚未产生的阶段。(2) 二者具有阶段性。美国虽然在20世纪70年代就开始有社区实施按量计费，到90年代按量计费的做法在全美全面实施。根据美国数据的经验研究来看，按量计费这一价格规制对垃圾分类与减量的影响可分为两个阶段（Miranda & Aldy，1998），第一阶段通过回收、田园垃圾收运等方式来降低垃圾投放量，当通过第一阶段减量使垃圾量到达最低，就会进入第二阶段；第二阶段则是源削减，源削减就是垃圾初始产生量的减少。对应地，第一阶段就是对应图5-1的Ⅰ链；而第二阶段对应图5-1的Ⅱ链。研究认为，从社区整体分类与回收行为的影响来看，第一阶段与第二阶段有明显的分界。(3) 影响机制不一样。Ⅰ链的减量效应是通过价格规制的经济杠杆作用来实现的，它由"价格"这一经济工具来影响，作用机制比较直接；Ⅱ链的减量效应，更多地依赖"政策信号"引发"共振行为"而产生效果。这种共振行为包括：消费者根据价格规制政策主动改变家庭的消费结构与购买行为，偏好轻包装、低垃圾产量的商品；在政策信号、公共利益期许等大背景下，在家庭消费选择改变的直接推动下，企业的供给行为发生改变。这种"共振行为"将更大限度地使轻包装、低废物产量逐步成为社会的自觉选择。

## 5.3　按量计费模式下家庭的垃圾投放

不同的垃圾收费模式，是政府对城市生活垃圾实施的价格规制，也是居民在实施垃圾分类时面对的不同经济激励。经济激励会成为影响家庭垃圾生产与分类行为的经济杠杆。在本章，假设作为理性经济人的家庭，在既有时间约束与预算约束下，追求效用最大化。这是从经济决策角度、对家庭的垃圾分类行为作短期分析。后文将借鉴贝克（Becker，1965）、波拉克（Pollak，1975）、连玉君（2006）的家庭生产函数模型、垃圾回收的时间函数模型，对其进行拓展分析与讨论。

### 5.3.1 研究的假设

（1）除需支付垃圾处理费外，家庭只消费一种复合商品，其消费量为c。复合商品，又称为希克斯的复合商品，在研究过程中，由于假设中其他商品价格的固定性，在模型抽象过程中可将其他商品的消费数量与价格等，视为同一种复合商品的数量与价格。

（2）产废率。假设每单位消费所产生的垃圾量（即产废率）为$\frac{1}{\delta}$，通常垃圾产生量会小于消费量，故$0<\frac{1}{\delta}<1$，于是有，$\delta>1$。消费后垃圾的总产生量为q，于是有等式：

$$q=c\times\frac{1}{\delta} \tag{5.1}$$

（3）投放与回收。对于家庭而言，垃圾的处理方式有直接投放与分类回收两种。直接投放的量需要支付垃圾处理费，分类回收的量不需要支付垃圾处理费。为简化研究，在固定收费模式与按量回收模式下，都假设分类回收的部分没有收益。假设分类回收量为r，家庭垃圾的直接投放量为g，则有：

$$q=r+g \tag{5.2}$$

（4）家庭效用。家庭的效用是复合商品消费c与闲暇l的函数：

$$u=U(c,l) \tag{5.3}$$

效用u对复合商品消费c与闲暇l体现为增函数，且都具有边际效用递减的特性；换言之，U对c与l的一阶导数大于零，U对c与l的二阶导数小于零。即$U_c>0$，$U_{cc}<0$；$U_l>0$，$U_{ll}<0$。需要说明的是，为方便研究，上述假设家庭的生活垃圾抛投行为仅受垃圾处理费的影响，而不计以下三个因素：一是垃圾回收所得到的资源循环利用等可能获得的收益或成本节约；二是垃圾抛投可能引起的环境改变而引起家庭效用的变化；三是家庭的效用不受自身环保意识的影响，如因为垃圾分类、回收而有节约家庭开支之外的效用增加。

（5）回收函数。家庭进行分类回收的量r，是家庭在垃圾分类、回收活

动中所投入的时间 $T_r$ 的函数 $r = R(T_r)$。假设该函数与一般的生产函数一样，它满足①$T_r \geqslant 0$，$r \geqslant 0$，即家庭在垃圾分类回收中投入的时间与回收的量大于等于零。②当 $T_r = 0$ 时，有 $r = 0$，即当家庭在垃圾分类回收中投入的时间为0时，家庭环节分类回收的量也为0。③具有$\frac{dr}{dT_r} > 0$，$\frac{d^2r}{dT_r^2} < 0$ 的特性，即垃圾回收量是时间的增函数，即在垃圾分类投入时间越多，垃圾中回收量越多，即 r 值越大，故$\frac{dr}{dT_r} > 0$；但同时，随着家庭在垃圾分类工作中的时间投入增加，它将呈现边际回收量递减的特性，即随着时间投入的增加，时间的边际减量效果$\frac{dr}{dT_r}$呈现出递减的趋势，于是，有$\frac{d^2r}{dT_r^2} < 0$。④为便于分析，综合我国垃圾的成分结构与函数特性要求，本书将假设垃圾分类的效果函数具体形式为：

$$r = R(T_r) = T_r^{\frac{1}{3}} \tag{5.4}$$

或式（5.4）可以表示为：

$$T_r = r^3 \tag{5.5}$$

需要说明的是，该函数类型设立在满足上述特性下，是为让研究结论更为直观而假设的一种具体构造。在满足$\frac{dr}{dT_r} > 0$，$\frac{d^2r}{dT_r^2} < 0$ 条件下的其他构造并不会影响本书后续结果与结论的得出。

（6）家庭的时间分配。假设家庭全部可支配时间为 T，其所有的时间用于工作、闲暇与垃圾分类与回收的活动。其中工作时间为 $T_w$，闲暇时间为 $T_l$，垃圾分类与回收时间为 $T_r$。则存在时间约束方程：

$$T = T_w + T_l + T_r \tag{5.6}$$

（7）家庭的预算约束。假设工资为家庭的所有收入来源，工资率为 w。若垃圾按户按月征收的固定费用为 k，k 为大于零的常数。若垃圾采用按量征收，其垃圾处理费率为 $p_g$。复合消费品 c 的价格为 $p_c$。在不同的垃圾收费模式下，其家庭的预算约束不同。

固定收费模式下的家庭预算约束为：

$$q \times p_c + k \leqslant w \times T_w \tag{5.7}$$

按量计费模式下的家庭预算约束为：

$$q \times p_c + g \times p_g \leqslant w \times T_w \tag{5.8}$$

分别将前文中式（5.1）、式（5.2）、式（5.5）、式（5.6）分别代入式（5.7）、式（5.8），则固定收费模式与按量计费模式下家庭的预算约束可以表示为：

$$w \times T \geqslant w \times r^3 + w \times T_l + \delta(g + r) \times p_c + k \tag{5.9}$$

$$w \times T \geqslant w \times r^3 + w \times T_l + \delta \times (g + r) \times p_c + g \times p_g \tag{5.10}$$

### 5.3.2 按量计费模式下的家庭行为分析

家庭在时间约束式（5.6）与收入约束式（5.7）或式（5.8）条件下追求自身效用最大化为目标。以固定收费模式为参照，分析按量计费模式实施后对家庭生活垃圾分类行为的影响，后文将分别作比较分析。

1. 固定收费模式

在固定收费模式下，家庭在工资收入预算约束条件下追求效用最大化。

$$\text{Max } u = U(c, l)$$

$$\text{s.t. } w \times T = w \times r^3 + w \times T_l + \delta(g + r) \times p_c + k$$

构造相应的拉格朗日函数：

$$L = U[\delta(g + r), l] + \lambda \times [w \times T - w \times r^3 - w \times T_l - \delta(g + r) \times p_c - k] \tag{5.11}$$

相应的一阶条件为：

$$\frac{\partial L}{\partial g} = 0 \Rightarrow \frac{U_c}{\lambda} = p_c \tag{5.12}$$

$$\frac{\partial L}{\partial r} = 0 \Rightarrow \frac{U_c}{\lambda} = \frac{3wr^2}{\delta} + p_c \tag{5.13}$$

$$\frac{\partial L}{\partial \lambda}=0 \Rightarrow w \times T=w \times r^{3}+w \times T_{1}+\delta(g+r) \times p_{c}+k \qquad (5.14)$$

λ 为货币的边际效用，因此式（5.12）表明，家庭在复合商品消费中，其愿意支付的价格取决于商品的边际效用与货币的边际效用之比。联立式（5.12）与式（5.13），当家庭达到效用最大化时，家庭环节的垃圾回收量为：$r^*=0$。为方便后文的比较，将固定收费模式下（fixed-pricing）的回收量与投放量等分别加下标 f，如表示 $r_f \times g_f$；而按量计费模式下（unit-pricing）的回收量、投放量等分别加下标 u。此时，家庭投入垃圾回收的时间也为0，$t_r=r^3=0$。因此，在实施生活垃圾固定收费时，家庭在时间、收入约束条件下追求效用最大化时，花费零时间在垃圾回收与分类上是他的理性决策结果。因此，家庭的垃圾产生量即为其垃圾排放量。

将所得 $r_f^*=0$ 的值代入式（5.14），可得家庭效用最大化时的垃圾抛投量：

$$g_f^*=\frac{w(T-T_1)-k}{\delta p_c}$$

$$\text{或 } g_f^*=\frac{1}{p_c} \times \frac{1}{\delta} \times [w(T-T_1)-k] \qquad (5.15)$$

式（5.15）显示：(1) $g_f^*$ 与复合消费品价格 $p_c$ 成反比，可以解释为，当消费品价格越高，则消费量减少，故而垃圾排放量减少。(2) $g_f^*$ 与产废率$\frac{1}{\delta}$成正比；产废率越高时，单位消费品产生的垃圾多，因而家庭的最终排放多。(3) $g_f^*$ 与工资率 w 呈正向变动关系，即当工资率上升时，家庭的消费能力提升，消费量增加，进而导致垃圾排放量增加。(4) $g_f^*$ 与垃圾收费率 k 呈反向变动关系，也就是当固定收费模式下，垃圾收费率上升，也会导致垃圾排放量减少，这并非垃圾处理费的杠杆效应，而是因为垃圾收费增加，收入中用于支付消费品的部分减少，导致消费量减少，进而影响家庭的垃圾抛投量。(5) $g_f^*$ 与（$T-T_1$）呈正向变动关系。（$T-T_1$），前述 $r^*=0$，即有 $t_r=0$，故此时的（$T-T_1$），即为 $t_w$。工作时长越长，则家庭的垃圾抛投量越多。因为，工作时长越长，则家庭收入越多，消费能力增强，消费量增加进而致抛投量增加。

### 2. 按量计费模式

实行城市生活垃圾的按量计费时，家庭的预算约束发生改变。在这个模式下，对垃圾处理的支付受消费品的产废率、垃圾回收与分类行为的影响。在此模式下，家庭的预算约束为 $c \times p_c + g \times p_g \leqslant w \times T_w$，分别将前文中的式(5.1)、式(5.2)、式(5.4)、式(5.5)代入该式得：

$$(r+g) \times \delta \times p_c + g \times p_g \leqslant w \times (T - t_l - t_r)$$

家庭在既有时间约束、预算约束条件下，追求效用极大化的目标函数为：

$$\text{Max } u = u(c, l)$$

$$\text{s.t. } w \times T = w \times r^3 + w \times T_l + \delta \times (g+r) \times p_c + g \times p_g$$

构造相应的拉格朗日函数：

$$L = U[\delta(g+r), l] + \lambda \times [w \times T - w \times r^3 - w \times T_l - \delta(g+r) \times p_c - g \times p_g]$$

相应的一阶条件为：

$$\frac{\partial L}{\partial g} = 0 \Rightarrow \frac{U_c}{\lambda} = p_c + \frac{p_g}{\delta} \tag{5.16}$$

$$\frac{\partial L}{\partial r} = 0 \Rightarrow \frac{U_c}{\lambda} = \frac{3wr^2}{\delta} + p_c \tag{5.17}$$

$$\frac{\partial L}{\partial \lambda} = 0 \Rightarrow w \times T = w \times r^3 + w \times T_l + \delta(g+r) \times p_c + g \times p_g \tag{5.18}$$

计算方法同固定收费模式。在按量计费模式下，家庭实现效用最大化时，家庭环节的最佳垃圾回收量为：

$$r_u^* = \left(\frac{p_g}{3w}\right)^{\frac{1}{2}} \tag{5.19}$$

式(5.19)表明，在计量收费的制度下，垃圾的回收量与垃圾处理服务价格、家庭的平均工资率相关。(1)工资率与回收量呈反方向变化。因为工资率上升，意味着家庭在回收或分类工作的时间成本高，从而导致回收量降低。(2)垃圾处理费率与回收量呈现同方向变化。垃圾处理费率越高，则意味着家庭在回收或分类工作中的单位时间收益上升，则会导致家庭在垃圾分类回收中的时间配置增多，从而导致回收量上升。或者，可以将$\frac{p_g}{w}$理解为垃圾处理费率与工资率比值，理解为垃圾处理费的相对价格，当相对价格越高则回收量越大。

将所得 $r^*$ 的值，式（5.19）代入式（5.18），可计算出家庭效用最大化时的垃圾排放量：

$$g_u^* = \frac{w(T - T_1) - wr^3 - \delta rp_c}{\delta p_c + p_g} \tag{5.20}$$

## 5.4　按量计费模式的激励效应

### 5.4.1　最佳分类回收量与家庭环节投放量

固定收费模式：$r_f^* = 0$，$g_f^* = \frac{w(T - T_1) - k}{\delta p_c}$

按量计费模式：$r_u^* = \left(\frac{p_g}{3w}\right)^{\frac{1}{2}}$，$g_u^* = \frac{w(T - T_1) - wr^3 - \delta rp_c}{\delta p_c + p_g}$

$r_u^* = \left(\frac{p_g}{3w}\right)^{\frac{1}{2}}$，故 $r_u^* > 0$，因此有 $r_u^* > r_f^*$。即均衡状态下，实行按量计费模式的回收量大于固定收费模式。换言之，在按量计费模式下，家庭会在垃圾分类回收环节投入时间与精力，分类回收量会增加。而在固定收费模式下，无此激励效应。

再来比较 $g_u^*$ 与 $g_f^*$ 的大小。将 $g_f^* = \frac{w(T - T_1) - k}{\delta p_c}$与 $g_u^* = \frac{w(T - T_1) - wr^3 - \delta rp_c}{\delta p_c + p_g}$比较，无法判断（$g_u^* - g_f^*$）是大于零还是小于零，二者的值难以判断大小。因此，可得出这样的推论：实行按量计费制度并不能必然减少家庭环节的垃圾抛投量。

$g_f^* = \frac{w(T - T_1) - k}{\delta p_c}$，当按固定收费模式，$p_g = 0$ 时，将有 $r = 0$，$Tr = 0$，又 $T = T_w + T_1 + T_r$，因此，整理后有：

$$g_f^* = \frac{wT_w - k}{\delta p_c} \tag{5.21}$$

同样，$g_u^* = \frac{w(T - T_l) - wr^3 - \delta rp_c}{\delta p_c + p_g}$分母中的 $wr^3$ 项，实际为垃圾分类回收环节所投入时间的报酬，根据前文的设定，有 $T_r = r^3$，又 $T = T_w + T_l + T_r$，因此，整理后有：

$$g_u^* = \frac{wT_w - \delta rp_c}{\delta p_c + p_g} \tag{5.22}$$

将两种收费模式下的家庭抛投量进行比较，即将式（5.22）与式（5.21）两式相减：$g_u^* - g_f^* = \frac{k\delta p_c + kp_g - \delta^2 rp_c - wt_w p_g}{(\delta p_c + p_g) \times \delta p_c}$，显然无法判断该值是否大于零。因此，按量计费模式并不必然产生比固定收费模式更好的减量效果。当 $p_g \geqslant \frac{\delta p_c(r\delta - k)}{(k - wp_w)}$时，$g_u^* \geqslant g_f^*$ 成立。即只有满足该条件时，按量计费模式的垃圾抛投量会小于固定收费模式，才会产生确切的减量效应。

### 5.4.2 工资率对垃圾投放的影响

工资率是家庭成员参与垃圾分类的时间成本，分析工资率对垃圾投放量的影响，有助于分析在不同收入水平下家庭在两种收费模式下垃圾抛投行为的差异。分析工资率对回收量的影响，即分别对 $r_f^*$、$r_u^*$ 表达式两边同时求对 w 的一阶偏导，有：

$$\frac{\partial r_f^*}{\partial w} = 0 \tag{5.23}$$

$$\frac{\partial r_u^*}{\partial w} = -\frac{1}{6}\left(\frac{3p_g}{w^3}\right)^{\frac{1}{2}} \tag{5.24}$$

式（5.23）表明，在固定定价制度下，工资率对垃圾投放量没有影响。如前文分析，因为固定定价，家庭抛投垃圾量边际成本为零，家庭的福利情况与抛投行为不存在直接关联。因此，垃圾投放量也不受工资率的影响。再来看式（5.24），显然$\frac{\partial r_u^*}{\partial w}<0$，说明在按量计费的制度下，工资水平与分类回收量呈反向变动关系，即工资水平上升，家庭的分类回收量下降。这可以从两个方面来理解：一是相对于低收入水平家庭，高收入家庭的垃圾回收量小。或者可以解读为，按量计费制度的实施，低收入家庭垃圾回收量弹性大于高收入家庭。二是当家庭的工资水平逐步增高时，如果仅从垃圾分类的时间成本角度来分析，垃圾分类回收量将减少。从这个意义来说，垃圾分类与回收在借助经济杠杆等政策来追求减量效果时，公民的环保意识培育与提升也非常重要。

然后，分析工资率对家庭环节垃圾投放量的影响。分别对式（5.15）、式（5.20）两边同时求对 w 的一阶偏导：

$$\frac{\partial g_f^*}{\partial w}=\frac{T-T_1}{\delta p_c}\text{或}\frac{\partial g_f^*}{\partial w}=\frac{T_w}{\delta p_c}$$

$$\frac{\partial g_u^*}{\partial w}=\frac{(T-T_1)-r^3}{\delta p_c+p_g}\text{或}\frac{\partial g_u^*}{\partial w}=\frac{T_w}{\delta p_c+p_g}$$

根据前文对各量的设定，显然有$\frac{\partial g_f^*}{\partial w}>0$，$\frac{\partial g_u^*}{\partial w}>0$。在固定收费与按量计费制度下，都有家庭环节的投放量对工资的一阶偏导数大于零。亦即，工资与家庭环节的投放量呈现同方向变动关系。因此，无论在何种收费模式下，工资水平的提高会导致家庭环节的垃圾抛投量增加。这可以理解为，当家庭的工资水平提高，工资水平影响收入水平，进而导致家庭的消费数量增加，从而导致家庭环节的抛投量增加。从这个角度来看，随着经济的发展，收入水平的提高，家庭的抛投量会继续增加。

另外，结合前文对家庭在总时间中的配置，通过计算整理，有$\frac{\partial g_f^*}{\partial w}=\frac{T_w}{\delta p_c}$与$\frac{\partial g_u^*}{\partial w}=\frac{T_w}{\delta p_c+p_g}$。假设在两种不同的收费模式下，家庭成员分配同样多的工作时间，即$\frac{\partial g_f^*}{\partial w}=\frac{T_w}{\delta p_c}$与$\frac{\partial g_u^*}{\partial w}=\frac{T_w}{\delta p_c+p_g}$中的 $T_w$ 是一致的，则有$\frac{\partial g_f^*}{\partial w}>\frac{\partial g_u^*}{\partial w}$成立。可以这样理解，在两种收费模式下，工资水平的提高都会导致家庭的垃圾抛投量的增加，而在固定收费模式下，这种增加速度更快。

### 5.4.3 产废率对垃圾投放量的影响

根据 $r_f^*$、$r_u^*$ 的表达式，可知产废率$\frac{1}{\delta}$对分类回收量 $r_f^*$、$r_u^*$ 不产生影响。再看产废率$\frac{1}{\delta}$对家庭环节垃圾抛投量的影响，分别对式（5.15）、式（5.20）两边同时求对 δ 的一阶偏导，得：

$$\frac{\partial g_f^*}{\partial \delta} = -\frac{w(T - T_1) - k}{\delta^2 p_c} \tag{5.25}$$

$$\frac{\partial g_u^*}{\partial \delta} = -\frac{p_c[w(T - T_1) - wr^3 + rp_g]}{(\delta p_c + p_g)^2} \tag{5.26}$$

根据前文所作设定与推理，不难判断有$\frac{\partial g_f^*}{\partial \delta} < 0$，$\frac{\partial g_u^*}{\partial \delta} < 0$，即家庭环节的垃圾抛投量与 δ 呈反向变动关系，则与产废率$\frac{1}{\delta}$呈同向变动关系。亦即，家庭消费品的产废率越高，则家庭的垃圾抛投量越大。因此，降低家庭消费的产废率可以减少垃圾的抛投量。产废率与家庭消费习惯、社会消费环境、企业包装、生产用料等相关。

根据以上理论推导，垃圾的按量计费会导致垃圾的减量效应。但按量计费在实施中会有两难境地，因为垃圾处理收费水平不够高，所以难以促使居民改变分类行为，而导致垃圾减量效果不明显。但如果提高垃圾处理收费水平，则可能加剧垃圾违规投放的扩散。

### 5.4.4 可能引致违规投放

当家庭环节的复合消费量为 c，产废率为$\frac{1}{\delta}$，则家庭在消费环节的产废量为 q，有 $q = c \times \frac{1}{\delta}$。在图 5－1 中，分析了对垃圾处理收费实施价格规制会同时从增量与存量两个方面影响家庭垃圾的投放。为简便起见，本书在模型推导中，只讨论垃圾处理价格规制对家庭生活垃圾存量的影响。即此时家庭消费量与消费结构已定，既有消费结构下的产废率$\frac{1}{\delta}$是外生变量，由复合商品生产厂商决定，在此条件下，家庭已有确定数量的垃圾产生量为 q。故家庭面临垃圾处理的价格规制时，它要作的决策就是花多少时间用于垃圾分类与回收，q 为常数，其中，垃圾回收量、垃圾投放且需焚烧处置的量各有多少，亦即 r 与 g 的值各为多少，有 $q = r + g$。垃圾处理规制的目标在于，促进垃圾的减量化、资源化与无害化。若 g 值降低，则会导致 r 值上升，反之亦然。g 值降低，即为垃圾的减量化，而 r 值上升为垃圾的资源化。因此，在消费量与消费结构已定的情况下，家庭生活垃圾的减量化与资源化，二者是等价的。

对垃圾实施按量计费的规制手段中，是通过提高服务（产品）价格的方式来降低家庭对垃圾处理的需求，以实现直接降低 g 值，而间接提高 r 值的效果。这种价格规制下，$p_g$ 的提高，会促使家庭在垃圾抛投这一行为上的边际成本提高。家庭为节约支出，其最直接的行动目标是降低 g。降低 g 可通过两个途径实现：一是“倒逼”家庭在抛投前实施垃圾分选与减量；二是引致家庭在垃圾产生后的违规投放行为。而在对违规投放的监管力量弱、违规投放风险低、外溢成本高的环境下，违规投放发生的概率可能更高，如图 5 - 2 所示。

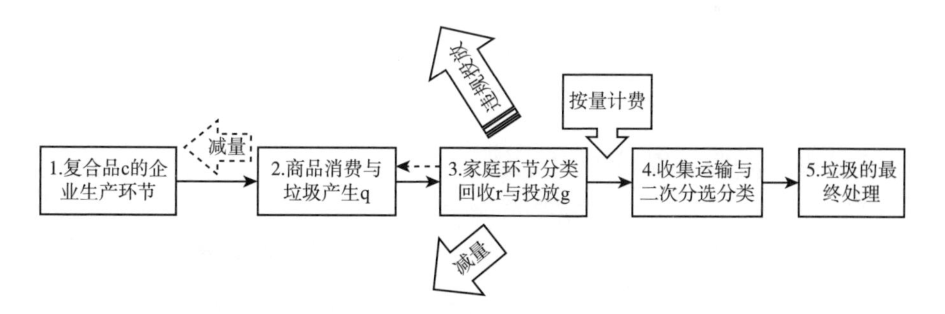


**图 5 - 2　按量计费模式下垃圾的减量路径与违规投放**

资料来源：笔者绘制。

图 5 - 2 中实体线箭头表示垃圾产生与运动方向，按量计费可引发家庭环节的减量、企业环节的减量与违规投放。违规投放，是家庭逃避支付垃圾处理费，而私自抛投、处理垃圾。从家庭角度来看，节约了垃圾处理费，将这一成本转移为社会承担，还可能增加环境污染与垃圾归置的成本。

## 5.5 回收补贴的减量机制

### 5.5.1 回收补贴：另一种经济激励模式

垃圾有别于一般的环境品，它既是会产生污染的环境品，但它同时又是有着回收利用价值的资源品。因此，垃圾的“价格”应该同时体现两个特征。对垃圾的价格规制手段，应将垃圾的双重属性以价格方式得以体现：家庭要为垃圾投放支付垃圾处理费，又可以从垃圾回收中获取回收补贴。回收补贴，是政府对垃圾成分中的可回收部分在市场价格之上给予补贴，以促进垃圾回收率的提高。在补贴的对象上，主要是针对低值可回收物进行补贴。

在这种价格规制模式中，政府需要承担“回收补贴”的财政支出。对于该价格规制工具的疑虑认为，若回收补贴过低，则会导致价格的激励效果过弱；但若回收补贴过高，则会使政府财政负担加重，甚至难以有其持续性。对垃圾的回收补贴可从目前的“固定收费”收入中支出。因此，就形成了一个“固定收费＋垃圾回收补贴”的价格规制手段，这种二重内容的价格设计，在价格上同时体现了垃圾给持有者带来负效用的环境品特征，以及资源品垃圾给家庭带来正效用的特征。

### 5.5.2 回收补贴的减量逻辑

再看垃圾回收补贴这一规制工具对家庭行为的影响路径：给予回收者以补贴，是通过提高回收品的价格方式来提高家庭对其的供给，它是直接提高 r 值而间接降低 g 值，从而达到资源化与减量化的效果（见图 5－3）。因此，在此价格规制环境下，家庭最直接的行为选择是在分类与回收上配置较多的时间，以实现回收量的增加。纵然相对某些高工资水平的家庭或者家庭内高收入者，这个补贴的价格不足以使其改变其垃圾的投放与分类行为。但由于补贴的存在，它将成为低时间成本人群参与这一活动的经济动力。这是我国的“拾荒者”得以存在的利益动因。通过理论分析，回收补贴的规制手段有五点：（1）回收补贴，其实质是提高垃圾分选回收行为的收益，与按量计费一样，都能形成对家庭环节垃圾减量的杠杆效果；（2）避免了按量计费模式下的违规投放；（3）它通过促进垃圾回收，促进垃圾的资源化与减量化；（4）它的影响，除家庭有经济驱动增加回收外，还会影响到家庭抛投后在社会范围内的再回收；（5）该模式的市场性更强，而强制性更弱，因此，其执行成本低。

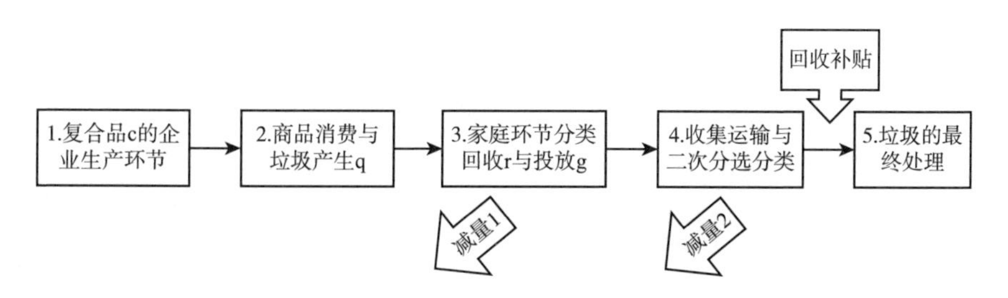


**图 5－3　回收补贴模式下垃圾的减量逻辑**

资料来源：笔者绘制。

同时，从功能上来看，垃圾回收补贴比起按量计费也有其不足。行为经济学损失规避（loss aversion）理论认为，人们对等量的损失与获益，心理效用并不相同，损失的心理效用大于同量的获益。以这个理论来看，相同费率的垃圾回收补贴与按量计费，后者对家庭的垃圾抛投行为、垃圾减量的效果更明显。而且，当价格规制采用“固定收费＋垃圾回收补贴”，不能对所有家庭普遍产生因为没分类回收的“损失效用”，因此，也难以在全社会范围内形成有效的环境教育。

## 5.6　垃圾回收补贴的减量效应

### 5.6.1　研究的假设

（1）除需支付垃圾处理费外，家庭只消费一种复合商品，其消费量为 c。（2）假设每单位消费所产生的垃圾量（即产废率）为$\frac{1}{\delta}$，其中 $\delta>1$，有

$0<\frac{1}{\delta}<1$。垃圾产生量为 q，$q=c\times\frac{1}{\delta}$。（3）假设分类回收量为 r，直接投放量为 g，则有 $q=r+g$。（4）令回收率为 θ，有 $\theta=\frac{r}{q}$。（5）假设直接投放量 g，按户按月征收的固定费用为 k，而分类回收量则按量给予补贴，补贴费率为 s。（6）家庭的效用是复合商品消费 c 与闲暇 l 的函数，$u=U(c,l)$。（7）家庭进行分类回收的量，是家庭在垃圾分类、回收活动中所投入的时间 $t_r$ 的函数 $r=R(t_r)=t_r^{\frac{1}{3}}$。（8）家庭的时间约束方程：$T=T_w+T_l+T_r$。（9）假设工资与垃圾回收补贴为家庭的所有收入来源，工资率为 w。

那么，家庭在时间约束、预算约束条件下，追求效用最大化的目标函数为：

$$\max\ u=u(c,l)$$
$$s.t.\ w\times T=w\times r^3+w\times T_l+\delta\times(g+r)\times p_c+k-sr$$

构造相应的拉格朗日函数：

$$L=U[\delta(g+r),l]+\lambda\times[w\times T-w\times r^3-w\times T_l-\delta(g+r)\times p_c-k+sr]$$

则其一阶条件为：

$$\frac{\partial L}{\partial g}=0\Rightarrow\frac{U_c}{\lambda}=p_c \tag{5.27}$$

$$\frac{\partial L}{\partial r}=0\Rightarrow\frac{U_c}{\lambda}=\frac{3wr^2}{\delta}+p_c-\frac{s}{\delta} \tag{5.28}$$

$$\frac{\partial L}{\partial \lambda}=0\Rightarrow w\times T=w\times r^3+w\times T_l+\delta(g+r)\times p_c+k-sr \tag{5.29}$$

计算方法同上，因此，在实施垃圾回收补贴时，家庭实现效用最大化时，在家庭环节的最佳垃圾回收量与最大垃圾抛投量为：

$$r_s^*=\left(\frac{s}{3w}\right)^{\frac{1}{2}} \tag{5.30}$$

$$g_s^*=\frac{wT_w-\left(\frac{s}{3w}\right)^{\frac{1}{2}}\times(\delta p_c-s)-k}{\delta p_c} \tag{5.31}$$

### 5.6.2　按量计费与回收补贴的激励效果比较

1. 最佳回收量

对于两种经济激励模式，即按量计费与回收补贴下的资源化与减量化效果进行比较分析，比较资源化率，即两种规制下的垃圾回收量值：按量计费的回收量为 $r_u^*$，垃圾补贴下的回收量 $r_s^*$，分别为式（5.19）、式（5.30）。

$$r_u^* = \left(\frac{p_g}{3w}\right)^{\frac{1}{2}}$$

$$r_s^* = \left(\frac{s}{3w}\right)^{\frac{1}{2}}$$

当工资水平一定时，二者垃圾资源化效应取决于规制的力度。当 $s = p_g$，则有 $r_s^* = r_u^*$。即按量计费制度下的垃圾收费水平与回收补贴制度下补贴水平相等时，两种价格规制模式下的最佳回收量相等，即具有同样的减量效应。若有 $s > p_g$，则有 $r_s^* > r_u^*$，反之亦然。再从式（5.19）、式（5.30）来看，在两种价格规制环境下，工资率高，资源化效应则越小。因此，得出两个推论：（1）高收入家庭对垃圾处理价格规制的效应，有"钝化"的现象。$\left(\frac{p_g}{w}\right)$与$\left(\frac{s}{w}\right)$，它是垃圾与回收品的相对价格。无论是增加收益还是节约支出规制措施，在面对同样的 $p_g$ 与 s，高工资水平家庭与低工资水平家庭的敏感性不一样。（2）我国各个城市的垃圾处理收费水平由各市自定，因此各个城市垃圾收费或回收补贴水平要大致参照工资水平决定。在第3章，从我国各个城市现在实行的垃圾处理水平来看，出现了这种现象：低平均工资水平城市征收的垃圾处理价格反而比较高，而高平均工资水平城市反而征费水平低。这种定价可能是基于城市的财政需要而定的：中西部城市经济较不发达，地方税收低，垃圾处理的费用不足，于是更多地倚重于民众支付。因此，价格规制下的垃圾资源化、减量化效应会受到影响。

2. 最佳抛投量

$g_u^*$ 与 $g_s^*$ 分别为式（5.20）、式（5.31），因为有时间约束方程 $T = T_w +$

$T_l + T_r$，又垃圾分类的效果函数为 $T_r = r^3$。所以，式（5.20）中的 $w(T - T_l) - wr^3$ 项，进一步推导：$w(T - T_l) - wr^3 = w \times T_w$，于是有：

$$g_u^* = \frac{wT_w - \left(\frac{p_g}{3w}\right)^{\frac{1}{2}} \delta p_c}{\delta p_c + p_g}$$

$$g_s^* = \frac{wT_w - \left(\frac{s}{3w}\right)^{\frac{1}{2}} \times (\delta p_c - s) - k}{\delta p_c}$$

两种规制条件下垃圾减量化效果，即垃圾的抛投量分别为 $g_u^*$ 与 $g_s^*$。前文设定上有 $q = r + g$，则必有 $q^* = r^* + g^*$。前文中，若有 $s > p_g$，则有 $r_s^* > r_u^*$，$g_s^* < g_u^*$。反之亦然。

当两种价格规制模式下的费率水平相同时，二者的减量效应一样。但这一结论是基于上述理论模型而得出的，有三点与现实不同：（1）按量计费时没有考虑回收部分的售卖收益，因而导致按量计费的减量效应被低估。（2）按量计费时，假设社会的监督机制强大，对于垃圾的处置，家庭只能付费抛投或分类回收，而不能选择违规投放。而实际上，社会的监督成本是相对高昂的。（3）回收补贴的减量效应仅考虑家庭环节，而没有考虑家庭之外的社会范围的减量。尤其是违规投放，它可能是难以忽视的因素。因此，要比较全面地比较两种价格规制模式的有效性，不仅要讨论该模式的减量效应，还要讨论其规制成本，以从政府角度来讨论规制的成本与收益。

## 5.7 按量计费与回收补贴：规制的有效性比较

两种经济激励模式都会导致垃圾分类行为的改变，并产生减量效应，即实施经济激励后导致家庭在垃圾分类、投放行为上的投入增加，导致进入社会端的需处理的垃圾量减少，可回收量增加，需处理的垃圾量减少，使得社会范围内的成本节约，此为经济激励的收益。换言之，前文以减量效应来体现经济激励模式的收益。但对两种模式有效性分析，不仅需要比较激励模式的收益，也要比较其成本。

### 5.7.1　两种经济激励模式的收益

经济激励模式的收益，主要以其减量效应所致的社会成本的节约来体现，包括：(1) 回收后的资源，如废金属、废玻璃、废塑料等，它们的回收成本比重新生产的成本要低，从而节约了生产成本；(2) 从社会的角度与发展的视角来看，这种再生资源的利用可以减少对原生资源的开采，也节约了原生资源的开采与加工成本；(3) 待处理的垃圾量减少，节约了政府或企业在后续的垃圾收集、垃圾流转与运输、垃圾的最终处理上的成本；(4) 分类后的垃圾在后续的处理中，处理效率更高，包括更低的处理成本，更高的处理收益。因为垃圾分类后再进行焚烧有助于更好地控制燃烧条件，进而节约燃料，提高焚烧速度，提高垃圾焚烧发电率，降低焚烧排放。

在不考虑按量计费模式下的动态减量效应、不考虑回收补贴模式下社会环节减量效应的条件下，按量计费和回收补贴这两种经济激励模式具有同样的减量效果，即两种模式的收益相等。不同经济激励模式下在家庭垃圾分类行为的分析中，按量计费模式下的动态减量效应、回收补贴模式下社会减量效应未被纳入分析，是基于以下考虑。

第一，不考虑按量计费模式下的动态减量效应，是指不考虑家庭会因为垃圾处理费用的征收方式与水平变动而改变自身的消费行为，也不会因此构成对企业供给行为的倒逼。它是按量计费模式下，由短期的家庭行为逐步“倒逼”影响企业决策的改变，长期内它将影响社会范围的环境意识。本章为短期视角的分析，这种之所以选择“不考虑”，并不是其影响范围、影响程度小以至于可以忽略不计，而是从“短期”与“家庭”的视角判断时，为简化模型的设计而作的设定。从发展的视角来看，这一部分的减量效应长期来看将逐步显现，并且在按量回收模式中的整个减量效应的贡献率将逐步增大。

第二，在回收补贴模式下，因为有了回收补贴，实行垃圾分类的收益会增加，理论上会激励家庭增加垃圾分类的时间投入，促进家庭环节垃圾回收量增加。回收补贴，对家庭抛投之后、社会环节的垃圾回收行为会构成更为明显的激励。它会促使我国现有的“拾荒者”团体扩大，促进垃圾分类与回收的产业化。相对于社会的减量效应，家庭的减量效果可以忽略不计。

我们已对两种规制工具的减量效应作了分析，若每单位的回收减量，可以导致产生静态的成本节约 R，则两种规制的收益分别为：

$$R_u^1 = r_u^* \times P = \left(\frac{p_g}{3w}\right)^{\frac{1}{2}} \times P; R_s^1 = r_s^* \times P = \left(\frac{s}{3w}\right)^{\frac{1}{2}} \times P$$

而当 $p_g = s$ 时，有 $R_u^1 = R_s^1$。

## 5.7.2 两种经济激励模式的成本

从垃圾处理的价格规制的实施过程来看，规制成本包括规制的制定成本、执行成本与监督成本。(1) 规制的立法成本 $C^1$，是指规制在建立之前，往往要经历一段相对长的研究、试行与分析、调整等所花费的成本。例如香港在2005 年开始酝酿按量计费的试点，针对一万个家庭的试点、数据收集与分析，而后又开展了入户调查与民意调查、征求公众意见等，都需投入大量的人力、物力等，它所产生的成本属于“立法成本”。(2) 规制的执行成本 $C^2$，是指规制在实施过程中所产生的成本，包括规制实施者的工资支付、为规制执行而投入的基础设施以及新旧规制在执行过程中所面临的效率损失等。(3) 规制的监督成本 $C^3$。政府规制的有效性依赖于它能否有效执行，因此建立完善的监督体系并实施监督的过程是必要的。因此，监督成本包括监督体系的建设成本与监督过程的实施成本。现在来讨论分析按量计费与回收补贴的规制成本。

首先，是“立法成本”。我国立法过程的可观察性相对较弱，从规制的颁布来看，整个立法过程一般经历前期调研论证、“试行”或“暂行”、调整补充后正式颁布的过程。例如，同样关于“按量计费”的酝酿，内地城市（如广州）与香港相比，由于政府的相对强势，立法的前期论证等相对较少，“试错”特点更加明显，因此立法成本也相对较低。为简化研究，我们假设“按量计费”与“回收补贴”的立法成本相同，即 $C_u^1 = C_r^1 = C_1$。

其次，是规制的执行成本。按量计费模式的执行，需要垃圾处理的相关企业在收集垃圾时按体积或重量计征费用，从国外很多城市的经验来看，要求市民在抛投垃圾时必须向政府（或其代理企业）购买专用的垃圾袋。通常采取对垃圾袋收费的方式来计征垃圾处理费，例如，不同容积的垃圾袋征收不同的价格，有些城市是按照特定容量的垃圾桶收费。总体来说，按量计费的执行成本是垃圾抛投量的函数，即 $C_u^2=f(g)$。此处的“回收补贴”模式，如前所述，实为“固定收费+回收补贴”的简称，它通过提高既有的固定收费水平，来承担回收补贴的支付，以便不过于增加政府相关的财政负担，确保该模式的可行性。该模式的规制执行成本体现在两个环节：一是固定费用征收的成本，二是补贴支付的成本。因为我国目前已实行固定收费模式，并拥有相应的征费体系，所以，固定费用的征收并不明显增加成本，其边际成本接近于零。对可回收物实施或提高补贴，这一规制的执行，可以通过类似“以支持价格”的方式敞开收购，即可以保证补贴的支付。回收补贴的执行成本是垃圾回收量的函数，即 $C_r^2=f(r)$。

最后，是规制的监督成本。“固定收费+回收补贴”方式下的监督成本 $C_r^3$，因其执行主体与被执行对象都界定清晰，并且行为可观测，因而其监督成本低，可以忽略不计。“按量计费”的监督成本 $C_u^3$，包括监督与约束家庭循规抛投，而不能违规投放；违规投放的发现与惩罚；“按量计费”的收费监督与管理等。尤其是，我国现阶段市民对垃圾投放的付费意识不强，城市治理水平相对较低，社区的监管体系较弱，对“按量计费”引发的“违规投放”及其监督，是比较困难的。若要实施有效监督，必须要建立严密的监督体系、大量的监督人力投入，人多面广的监督，必使得监督成本高昂。从函数构成来看，它是整个社会垃圾产生量的函数 $C_u^3=f(q)$。前文已设定 $q=r+g$，即垃圾产生量等于分类减少量与抛投量之和，在我国现阶段，显然抛投量比回收量要大，即 $r<g$。

### 5.7.3　两种模式的有效性比较

综上所述，分别对两种规制模式的成本与收益进行了阐述，并分析了其影响因素。评价规制工具的有效性，通常是通过比较该规制工具的成本与收益来分析的。在比较按量计费与回收补贴两种规制模式时，我们同样采用这一评价方法。前文已对两种价格规制工具的成本与收益作了分析。可以将上述分析纳入一个对比框架内，如表5-1所示。

**表5-1　　两种经济激励模式的规制成本—规制收益比较**

| 项目 | | 按量计费 | 固定收费+回收补贴 |
|---|---|---|---|
| 规制成本 | 立法成本 | $C_u^1=C_1$ | $C_r^1=C_1$ |
| | 执行成本 | $C_u^2=f(g)$ | $C_r^2=f(r)$ |
| | 监督成本 | $C_u^3=f(q)$ | $C_r^3=0$ |

续表

| 项目 | | 按量计费 | 固定收费+回收补贴 |
|---|---|---|---|
| 规制收益 | 已分析部分 | $R_u^1 = r_u^* \times P = \left(\frac{p_g}{3w}\right)^{\frac{1}{2}} \times P$ | $R_s^1 = r_s^* \times P = \left(\frac{s}{3w}\right)^{\frac{1}{2}} \times P$ |
| | 未“考虑”部分 | 消费者行为改变倒逼生产者行为减废，进而在全社会形成“低废”文化 | 社会环节的垃圾减量，包括“拾荒者”力量与分类回收的产业化 |

资料来源：笔者根据前文研究梳理对比而得。

需要说明的是，表5-1中的三个成本函数 $C_u^2 = f(g)$，$C_r^2 = f(r)$，$C_u^3 = f(q)$，除了自变量不一样，其函数表达式也不一样。按量回收的规制成本等于其立法成本、执行成本与监督成本之和，$C_u = C_u^1 + C_u^2 + C_u^3$。同样地，回收补贴的成本 $C_s = C_s^1 + C_s^2 + C_s^3$。虽然本书的简化分析，无法将上述函数都一一加以设定，但从前文的分析来看，按量回收模式下，由于较高的执行成本与监督成本，按量回收的规制成本会远远大于回收补贴的规制成本，即 $C_u > C_s$。

而讨论规制收益时，两种模式下，若按量回收模式下的垃圾收费水平与回收补贴的补贴费率相等，即 $p_g = s$ 时，则二者在短期内、在家庭环节的规制收益是相等的，即有 $R_u^1 = R_s^1$。因此，仅从静态的、家庭环节的规制收益与成本分析来看，回收补贴的规制有效性大于按量回收模式。但正如前文论及，按量回收的收益我们只讨论了短期内的经济杠杆效应，而没有考虑它对家庭、社会的长久影响，这是按量回收的一个重要收益，本书没有在分析模型中体现。从社会系统的角度，从动态发展视角来看，这一收益在长期内将日益显著，并将拥有日益重要的影响。当这一影响显现，将会使得按量回收的规制成本大幅下降，进而改变上述成本—收益分析结果。这也是为什么许多发达国家的城市能够实施按量计费，并且行之有效的原因。

## 5.8 本章小结

虽然我国垃圾收费制度早在20世纪90年代就开始实施，并于2002年在我国大中城市主导实施垃圾收费的措施，总体来看体现了环境治理中“污染者付费”的思想。但实际上，这种对家庭按户或按人征收均一的垃圾处理费的方法，使得“污染者付费”实施上并不精确。按量计费，是对家庭实施垃圾处理新的价格规制手段，旨在促进家庭生活垃圾的源削减。按量计费的模式有助于“精确”实现“污染者付费”思想：污染者个体与付费者个体完全对应，个体污染行为与自身付费量高低直接关联，因而通过付费量的多少来影响家庭“污染”行为的改变。从边际决策的理论来看，当家庭垃圾抛投的边际成本大于零，其抛投行为会受到约束，有助于“垃圾围城”问题的缓解。在本章，以家庭在收入约束下的效用最大化选择的决策为主线，以固定收费为参照系，探讨在两种不同经济激励模式下（按量计费、回收补贴），家庭在垃圾分类与回收中所投入的时间发生变化，而导致家庭环节抛投行为发生改变，从而引起垃圾回收量、抛投量变化。这种变化，受到几个因素的影响：家庭成员的工资率、垃圾处理收费水平、产废率。通过建立模型分析发现：实施按量计费模式会激励家庭在垃圾分类回收上配置更多时间，但只有当垃圾处理的价格达到一定水平时，才会产生垃圾的减量效应。也就是说，按量计费模式下，垃圾处理定价水平过低时，并不会导致垃圾投放比固定收费水平时低。在现有的固定收费模式下，可再加大对可回收物的回收价格补贴，而当回收补贴费率与按量回收的垃圾收费费率相等时，两种规制模式具有相同的减量效应。

评价规制工具的有效性常用成本—收益的比较方法。规制成本可以分为立法成本、执行成本与监督成本。规制收益则为垃圾减量效应而导致的成本节约。因此，本书对按量计费与回收补贴两种模式的有效性作了比较。因为按量计费的执行成本与监督成本高，所以发现按量计费模式的规制成本明显高于回收补贴模式。而若只考虑短期内、家庭环节的垃圾减量效应，当回收补贴费率与按量计费时垃圾价格水平费率一致时，两者的规制收益相等。因此，从这个意义上来说，回收补贴模式规制的有效性优于按量计费模式。但需要注意的是，本书没有将家庭消费行为对企业的倒逼效应纳入模型分析中，因而按量回收模式的减量效应及其规制收益被低估。尤其是，从长期来看，这一被低估的部分在整个减量效应中发生动态变化，呈现上升趋势，并因此改变按量计费模式的规制成本（因为监督成本将会大幅减少），这也是许多发达国家实施按量计费模式行之有效的原因。

垃圾分类回收的收益则为垃圾处理费的节约，垃圾处理费越高，越可能激励家庭在垃圾分类与回收工作上投入时间。如果按量计费水平过低，难以对居民的垃圾分类行为产生显著的激励效应，如果提高垃圾处理价格水平，又引发家庭逃避付费而实施违规投放的隐忧。尤其在社区环境下，邻里之间垃圾投放行为会相互影响。故第 6 章将家庭置于社区环境下，讨论在相对长的观察期内家庭在强规制政策背景下的行为决策。

第6章

# 社区视角下垃圾分类行为的演化与经济激励

家庭垃圾分类的行为，兼具经济性与社会性。在第5章，我们将垃圾分类置于家庭基于成本—收益分析的框架下进行行为决策，是将垃圾分类置于“私域”，不考虑它对外在环境的影响而作的短期分析。事实上，垃圾分类后需要投放，投放行为发生在社区。对中国城市居民来说，社区是垃圾分类与投放的重要场域。而且，“垃圾”属于环境品，违规投放的垃圾会影响社区环境，并给邻居带来负效用。换言之，违规投放的垃圾会有其负的外部性。因此，本章是从社区视角来分析同一社区居民垃圾分类行为，本书依然以决策者的经济人假设为基础，但同时将“社会性”纳入效用相互作用函数来分析。

## 6.1 强规制的实行

### 6.1.1 强规制可能引发违规投放

环境的强规制通常会引发影子经济。从国际经验看，德国、日本、韩国等实施居民生活垃圾强制分类政策后，确实有效地促进了生活垃圾的家庭分类与减量，但也随之引发违规投放。实施生活垃圾的强规制，将引发这样的隐忧，即它将导致违规投放的发生。实践中，确实有类似案例发生，甚至引发对垃圾强制分类政策的疑虑。违规投放实质上是将本应由个人承担的垃圾处理费转嫁给他人，过程中会导致总社会成本增加。在社会范围内，会导致“公地悲剧”类的后果。垃圾按量计费的费率水平越高，违规投放行为的收益越高，则越可能导致违规投放。假设政府在推行强制分类时，家庭未能准确分类，则需要支付更多的垃圾处理费；若家庭不进行垃圾分类但却要逃避为此承担责任而采用“违规投放”，将面临监管机构的抽检—罚款；还有可能面临社区内的负的声誉激励。

### 6.1.2 分类行为的社区场域

民众的垃圾分类行为受社会环境等情景因素的影响，若将县级城市纳入研究，我国的城市有约3000个。首先，分布在全国的各城市、各地区经济发展水平不同，必然体现为居民的生活城市环境的差异；其次，同一城市由于社区的渊源、建设时间、成员年龄结构、房价水平所反映的社区居民收入水平等呈现多种差异。不同的社区，社区成员差异，产生垃圾的结构特点差异，社区成员联系紧密度不一，社区成员对社区组织参与程度不同，将直接影响强规制实施效果。因此，本章的社区分析也考虑了社区类型的差异。

针对居民生活垃圾分类的强规制会带来何种效应、政策实施的不确定性等，现有不少研究采取社区案例分析来获得解答。但事实上，垃圾分类政策推行效果的显现需要相对长的时间，相关研究也应将其置于更长的观察窗口期。我国的垃圾分类研究以社区为场景，也应该考虑到社区环境不同会导致垃圾分类行为、分类效果相异。因此，本章拟以微观个人的经济决策为基础，考虑邻里之间行为效果的外溢、邻里行为的相互影响与演化，以此从相对长期的决策视角来分析强规制对垃圾分类行为决策的效应及对策。本章在以下三个方面作了创新尝试。

（1）在垃圾分类行为中居民会基于成本收益分析作经济决策（刘曼琴和谢丽娟，2016），同时，居民也是社会人，同一社区中邻居间的垃圾处理行为会相互影响，邻里之间的垃圾分类行为是一个重复博弈与长期演化的过程。

（2）我国城市人口规模大，居住的社区具有明显的差异，这是研究我国城市垃圾分类规制效应时不容回避的现实基础。因此，本书对社区作了开放型社区和封闭型社区的分类研究，以更切合垃圾分类的现实情景。

（3）为避免案例研究、实证分析带来的“点”不足，本书在对社区进行分类的基础上，利用演化博弈方法来分析邻居之间的垃圾分类行为的相互影响及其演化结果，并将演化博弈采用 Matlab 进行仿真分析，为不同类型的社区实施强规制的效果与优化提供较为直观的呈现。

## 6.2　我国城市社区分类及其环境效用曲线

### 6.2.1　社区是生活垃圾分类的重要“微环境”

垃圾处理规制工具的选择受民众环境意识、道德自律程度、社区治理水平等因素的影响。与美国、加拿大、澳大利亚等人口密度小的西方发达国家不同，我国城市人口密度相对大，城市居民多以相对集中的社区方式聚集与管理，社区是市民垃圾分类行为重要的“微环境”。目前，“家里分好类、定时拎下楼、定点精准投”在我国城市广泛地倡导实施。[①] 分类行为发生在家里，投放行为发生在社区，家庭精准分类和投放与否将影响社区环境，并间接影响邻居的效用。因此，在研究城市生活垃圾分类强规制的效应时有必要考虑“社区”这一环境因素。

### 6.2.2　基于生活垃圾处理的社区分类

社会学针对社区的分类随着城市发展而演变，分类方法从最早的传统街坊社区、单一式单位社区、混合式综合社区和演替式边缘社区的分法（吴缚龙，1992）；到旧城社区、单位社区、城中村和城乡接合部边缘社区的四种类型（李东泉和蓝志勇，2012）；根据社区治理主导力量的类型，社区可分类为行政主导型、居民自治型和协同共治型三种模式（陈毅和张京唐，2021）。为了使研究能聚焦本书所要探讨的问题核心，笔者借鉴张鸿雁（2002）提出的两分法，即新型物业管理型社区和“自生”社区。表4－6中

---

① 据对公开资料的不完全统计，截至2023年5月，该垃圾分类指引在上海、广州、深圳等20多个城市推广实施。

我国城市生活垃圾处理收费标准的数据显示，有近60%样本城市将“常住人口”和“暂住人口”分开标价；有近1/4城市将“有物业管理”和“无物业管理”分开标价。这从侧面反映了我国城市社区在管理上“二分法”的实际情况。在借鉴已有文献、结合对我国城市的社区调研的基础上，本书将我国城市社区简单划分为封闭型社区、开放型社区两个类型。

封闭型社区主要包括早期的单位大院、高校社区、物业管理型小区，在我国的主要特征是小区社区化和社区门禁化（曹海军和霍伟桦，2017）。单位制大院是基于“业缘”，高校社区是基于“学缘”，而物业管理型小区在住房市场化改革、房地产行业快速发展、居民收入差距逐渐拉大的进程中“呈现出空间阶层化的特征”（陈友华和邵文君，2023）。结合城市生活垃圾分类管理，封闭型社区具备的主要特征有三点：（1）社区封闭性较强，空间容积有限。在有着“围墙”屏障、门禁化管理的封闭性空间内，违规投放时造成的环境污染难以外溢到社区之外。（2）社区建设水平较高，物业管理规范。社区有固定的物业服务人员负责日常的清洁与绿化，通常有24小时的常态巡视人员。小区物业负责生活垃圾的收集、转运，必要时还会提供第二次分类。（3）家庭平均收入水平相对较高。封闭型社区内的居民具有较高的同质性，对物业管理型小区来说，商品房的房价成为业主购买力的筛选器（陈鹏，2016）。相对于开放型社区，封闭型社区整体具有较高的收入水平。当收入水平有差异时，货币的边际效用 $\lambda$ 值也会不同，即封闭型社区其货币边际效用 $\lambda$ 值较低。

相应地，开放型社区主要为街区制社区，其特征是：（1）封闭性弱，社区无明显的物理边界。（2）社区建设水平参差不齐，社区无单独的物业管理与服务，生活垃圾的收集与转运等基本的市政管理和服务通常由街区提供。（3）社区内家庭收入水平差距大，整体平均水平低于封闭型社区。

### 6.2.3 两类社区的环境效用曲线

环境强规制会引发“影子经济”，生活垃圾的强规制可能会引发居民的“违规投放”。城市生活垃圾“违规投放”，是指当实施按量计费与强制分类等时，家庭不参与垃圾的精确分类，并逃避为此承担成本（如罚款或名誉受损等）而私自丢弃垃圾的行为。被规制者在节约私人成本时，违规投放会产生再生污染以及更高的处理成本，会导致社会总成本增加。社区内的违规投放，会影响社区的清洁度，进而影响居民的环境效用。

通常来说，偏好具有凸性公理，但环境洁净度是一个公共产品，具有非凸性偏好的特征（Siwana，1997）。因为当洁净度高，它的边际效用也很高；反之，则反。亦即，在清洁度由高到低的降落过程中，其边际效用变化速率递减。结合我国社区的调研来看，环境洁净度效用函数的凹凸性在不同的社区环境是具有差异的。

封闭型社区内环境清洁度具有这样的特点：封闭型社区居民对生活环境洁净度要求高，对洁净小区的效用赋值较高。社区内出现少量违规投放时，物业管理能作出处理，对社区整体洁净环境影响较小。当违规投放垃圾增多，环境洁净度受损，居民的效用对环境洁净度的弹性大。例如垃圾违规投放大量发生，封闭型社区环境会快速地恶化，如垃圾难以及时清扫，其散发的臭味难以消散或者堆积影响社区内的正常交通等，会导致民怨沸腾不堪忍受，效用下降速率递增。社区环境效用U是垃圾违规投放量Q的函数，封闭型社区居民效用曲线U=f(Q) 可表示为图6-1。

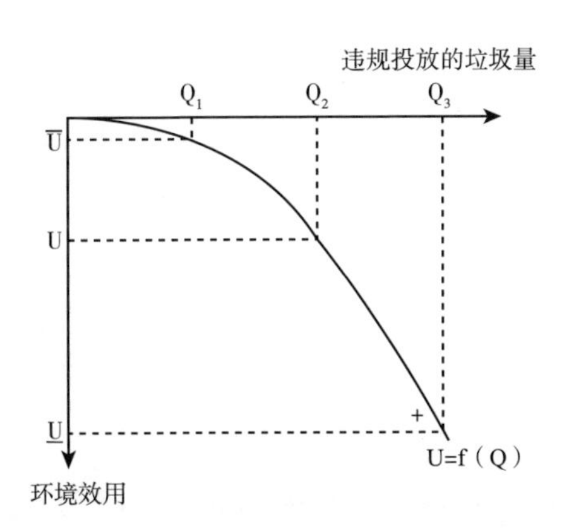


**图6-1　封闭型社区居民环境效用曲线**

资料来源：笔者绘制。

在开放型社区，街区制管理服务通常由市政提供，物业服务提供相对较少。社区环境主要依赖居民自己维持，体现为明显的环境品特征：当社区洁净度高，居民对洁净环境有较高的边际效用；而当洁净度低时，居民对洁净环境的边际效用较低。开放型社区管理相对松散，违规投放的风险小，外溢成本大。当有违规投放发生，如果难以及时处理，容易出现“破窗效应”，会导致洁净环境恶化，居民效用下降。当违规投放大量发生时，开放型社区因封闭性弱，负外部性外溢，环境恶化速度相对较慢。而且开放型居民对洁净环境的期望较低，效用赋值低。因此，当违规投放量较高时，环境清洁度的变动相对较小。开放型社区居民效用曲线可表示为图6－2。

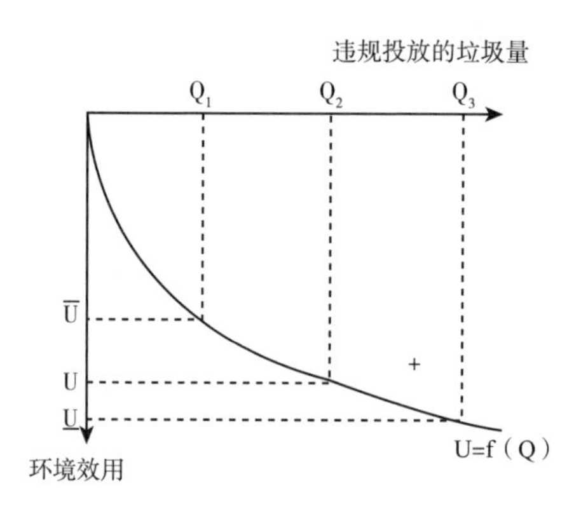


**图6－2　开放型社区居民环境效用曲线**

资料来源：笔者绘制。

在两种类型的社区内，当垃圾违规投放量等增加时，会导致社区内的环境效用由高到低的变化，分别以 $\overline{U}$、U、$\underline{U}$ 表示，有 $\overline{U}>U>\underline{U}$。基于前文分析，在封闭型社区有 $(\overline{U}-U)<(U-\underline{U})$，而在开放型社区有 $(\overline{U}-U)>(U-\underline{U})$。

## 6.3　社区分类视角下的演化博弈

演化稳定策略（evolutionary stable strategy，ESS）是指这样一种均衡状态：在此策略下大群体能够消除其内部小群体的小突变，具有一定的稳健性。ESS是种群的大部分成员所采取的某种策略，这种策略的好处为其他策略所不及，它不会被一小群变异者侵扰成功。除非有来自外部强大的冲击，否则系统就不会偏离该状态（威布尔，2006）。面对强规制，家庭选择正常付费或违规投放，从微观上来看它是个人的策略，但它具有学习效应和扩散性，若干家庭的选择最终会演变成社区的均衡状态。本书借鉴宋美慧等（2022）的演化博弈与仿真分析，将垃圾分类行为置于“社区”这一现实视角，利用演化博弈工具来探讨居民个体对违规抛投的选择，社区内个体间投放行为的相互影响，分析演化稳定策略（ESS）下社区居民垃圾投放策略的选择。

## 6.3.1　社区内居民的垃圾分类行为相互影响

在一个相互作用的决策环境中，个人会根据他人的行为来调适自己的行为（Young，1998）。社区内居民在垃圾分类过程中，也会根据邻居的行为来“调适”自己的行为，也会相互影响，甚至相互模仿。这种“调适”是个人在社区环境里，面对新实施的强规制而作出的学习与适应，它会是一个演化的过程。

这个演化包括三个内容：（1）自然选择，即采用高得益策略的人与那些采用低得益策略的人相比，前者更容易重复自己的策略（Taylor，1978）。在垃圾分类中，有居民会依照规定要求做好垃圾分类，需要投放时间与精力，可理解为他为垃圾分类支付成本；也有居民不作分类，节约这部分成本。在强规制环境下，为避免因未作垃圾分类而遭受罚款，他会违规投放垃圾。违规投放这一策略，使其因节约成本而获得高得益。若不加约束，违规投放者会重复自己的策略。（2）内部模仿，产生高收益的行为又会被人们模仿，当模仿人群收益与被模仿人群得益差别越大，模仿发生的概率就越大（Binmore et al.，1999）。若不实施监管，不进行垃圾分类并违规投放的行为就是“高收益”的，这一做法将会被“模仿”，具有强示范效应。当违规投放被惩罚的概率越低，当垃圾分类越复杂，违规投放的“得益”越大，违规投放被模仿发生的概率越大。（3）个体强化（Roth et al.，1995），在多次行动决策时，同一决策者会倾向于采用在过去产生高收益的行动策略，避免产生低收益的行动策略。在垃圾分类行动决策中，在违规投放与循规投放，社区居民根据经验，会倾向于选择二者间收益高的行动策略，并根据邻居以前分类行为的经验性频率来选择自己的最佳对策。

## 6.3.2　对称博弈及其收益矩阵

对于单个家庭在垃圾分类决策时，作 5 个假设：（1）不考虑垃圾分类回收物的经济价值，即家庭在垃圾回收中无直接经济收益。(2) 家庭在既有消费水平与消费结构下，需要分类与投放的垃圾量为 g。(3) 假设家庭需为未分类的垃圾支付的费率为 $p_g$。当实施按量计费时 $p_g$ 为垃圾处理费率；在强制分类模式下，$p_g$ 则代表家庭需要承担的行政处罚或声誉损失。(4) 家庭为未分类的垃圾支付的费用为垃圾抛投量的线性函数，则家庭需要为垃圾分类支付的成本 E，有 $E = p_g \times g$。(5) 家庭收益由两部分构成，一是家庭对垃圾投放支付的费用，费用支出为负收益；二是源自社区洁净环境获得正效用的折算，如社区洁净环境给住户带来的效用为 U，假设家庭的货币边际效用为 λ，则它可以折算成收益为$\frac{U}{\lambda}$。

假设在强规制的模式下，某个社区有两个家庭，即家庭 A 与家庭 B：(1) 若社区内违规投放，会恶化社区居住环境，降低家庭的效用，增加社区公共支出；(2) 家庭 A 与家庭 B 在决策中处于对等地位，二者是对称博弈；(3) 每个参与家庭主体有两个策略可供选择：循规合法投放生活垃圾、违规投放生活垃圾；(4) 双方的收益矩阵，虽然不能确切知道收益函数，但可以比较收益的大小，并被认定是共同知识；(5) 对于同社区内家庭 A 与家庭 B，不考虑收入差距，即两家庭有相同的货币边际效用，于是有 $\lambda_A = \lambda_B = \lambda$。在监管不完善的情况下，A、B 两家庭有循规投放与违规投放两种选择。二者进行对称博弈，收益矩阵如表 6-1 所示。

**表 6-1　　两个家庭对称博弈的收益矩阵**

| 变量 | | 家庭 B | |
|---|---|---|---|
| | | 策略 1：循规投放 | 策略 2：违规投放 |
| 家庭 A | 策略 1：循规投放 | (a, a) | (b, c) |
| | 策略 2：违规投放 | (c, b) | (d, d) |

资料来源：笔者绘制。

家庭的收益源于两部分：对垃圾的费用支付，家庭对社区环境的效用。家庭对垃圾的支付为 $E = p_g \times g$，当垃圾处理费率 $p_g$ 为定值时，家庭循规投放、违规投放时计费垃圾量分别为 $\overline{g}$、$\underline{g}$，显然有 $\overline{g} > \underline{g}$。相应地，其费用分别为 $p_g \times \overline{g}$、$p_g \times \underline{g}$。同样，在不同的垃圾投放条件下，家庭对社区环境的效用不同。$\overline{U}$、U、$\underline{U}$分别对应两个家庭循规投放，一个家庭循规投放一个家庭违规投放，两个家庭违规投放时的各家庭共享社区环境效用，并有$\overline{U}>U>\underline{U}$。则其博弈的收益矩阵可分析设定如下：

a为两个家庭都循规投放时双方各自的收益，$a=\frac{\overline{U}}{\lambda}-\overline{g}\times p_g$。此时各自承担自己产生垃圾的分类成本，并享受社区洁净环境带来的高效用。

b为对方违规投放，而己方循规投放时的收益，$b=\frac{U}{\lambda}-\overline{g}\times p_g$。此时，自己承担垃圾的分类成本，却因对方违规投放而承担社区环境污染。因此，有$b<a$。

c为对方循规投放而己方违规投放时的收益，$c=\frac{U}{\lambda}-\underline{g}\times p_g$。由于违规投放，节约了垃圾分类的成本，但这一违规投放导致了社区污染和环境效用的降低。在封闭型社区，结合前文中对两类社区的划分与界定，$(U-\underline{U})$值比较大；通常封闭型社区的房屋售价较高，封闭型社区的住户收入水平高于开放型社区的，因而封闭型社区的λ值比较低。在同一城市中两类社区面对相同的垃圾规制水平，则$[(\overline{g}-\underline{g})\times p_g]$对两类社区是没有差别的，但不同社区$\frac{\overline{U}-U}{\lambda}$的赋值是不同的。因此，对封闭型社区有$c\leqslant a$，而在开放型社区有$c\geqslant a$。

d为双方都实行违规投放时家庭的收益，$d=\frac{\underline{U}}{\lambda}-\underline{g}\times p_g$。同理，在封闭型社区$\frac{U-\underline{U}}{\lambda}\geqslant(\overline{g}-\underline{g})\times p_g$更可能成立。故在封闭型社区，有$b\geqslant d$，$a\geqslant d$；而在开放型社区，有$b\leqslant d$，$a\leqslant d$。

### 6.3.3 两种社区类型的ESS分析

为简单起见，假设社区中有比例为x的家庭采用违规投放的策略（策略2），比重为$(1-x)$的家庭采用循规投放的策略（策略1）。对垃圾选择循规投放的家庭参与者期望收益为：$U_1=a(1-x)+bx$；对垃圾选择违规投放的参与者期望收益为：$U_2 = c(1-x) + dx$；对于整个社区来说平均收益为：$\overline{U} = (1-x)U_1 + xU_2$。如果策略2（违规投放）的结果优于平均水平，在演化过程中，基于理性决策的群体选择该策略的群体在整个种群中的比重将会增加，其收益的动态方程为$\frac{dx}{dt} = \dot{x} = x(U_2 - \overline{U})$，令$F(x) = \frac{dx}{dt}$，则有：

$$F(x) = x(1-x)[(a-b-c+d)x + (c-a)] \tag{6.1}$$

策略2为决策群体演化方向的必要条件是：(1) $\dot{x} > 0$，即选择策略2的期望收益高于群体的平均收益；(2) 当决策群体在策略1与策略2中的选择中出现演变，并最终达到一个相对稳定的比例，被称为演化均衡点，此时，$\dot{x} = 0$时$x = x^*$。即稳态要求$F(x) = 0$且$F'(x) < 0$。当$\dot{x} = 0$时，x有三个值：$x_1 = 0$，$x_2 = 1$，$x_3 = \frac{c-a}{(c-a)-(d-b)}$。为求稳态点，须对$x_3$值进行社区类型区分条件下讨论：

$$x_3 = \frac{c-a}{(c-a)-(d-b)} \tag{6.2}$$

分别将前文中设定博弈收益代入式（6.2），可得到$c - a = (\bar{g} - \underline{g}) \times p_g - \left(\frac{\overline{U} - U}{\lambda}\right)$，$d - b = (\bar{g} - \underline{g}) \times p_g - \left(\frac{U - \underline{U}}{\lambda}\right)$；前文对两种类型的社区进行了环境效用、博弈收益的设定，开放型社区有$(\overline{U} - U) > (U - \underline{U})$、$c \geqslant a$、$b \leqslant d$；而在封闭型社区有$(\overline{U} - U) < (U - \underline{U})$、$c \leqslant a$，$b \geqslant d$。将博弈收益代入式（6.2），对其进行推导，发现在开放型社区、封闭型社区都有$x_3 > 1$。

对于第二个条件$F'(x) < 0$，则式（6.1）对x求导，得$F'(0) = c - a$，$F'(1) = b - d$。再结合开放型社区满足$c \geqslant a$，$b \leqslant d$；封闭型社区则反之。可知在开放型社区的稳态为$x^* = 1$，即在开放型社区实施生活垃圾分类的强规制，不考虑其他因素的影响，违规投放将演化成为该社区居民的普遍选择。而封闭型社区的稳态为$x^* = 0$，即在该类型社区，循规投放将演化成为居民的普遍选择。

# 6.4 演化博弈的仿真分析

基于上述推导，在封闭型社区和开放型社区，居民投放行为受违规投放时环境污染的外溢程度、垃圾分类的成本节约等影响，还和居民对清洁环境的效用赋值有关。为了更直观地分析不同社区环境下，面对垃圾分类强规制时家庭的垃圾分类行为及其在社区环境下的演变过程，笔者借助 Matlab 软件对演化博弈作仿真分析。相关数值的设定，是基于对两类社区的调研而作的经验假设。

## 6.4.1 封闭型社区下的强规制效应

在封闭型管理的社区环境下，结合社区调研数据，设定小区洁净环境的效用值为 $\overline{U}=7$，$U=3$，$\underline{U}=0$；设定家庭为垃圾分类承担的成本为 $p_g\times\overline{g}=2$，$p_g\times\underline{g}=0$。

设定该小区内居民收入水平一致，且 $\lambda=1$；并以此为封闭型社区的参照状态。该参照状态下，演化仿真如图 6-3 所示，横轴为时间，纵轴为违规投放的比率。在封闭型社区，实施生活垃圾的强制分类，演化稳态的结果为 0，表明在该类型的社区中，强规制能有效实施。因此，对于封闭型社区的强规制进行优化，研究的关注点不在于其稳态值，而在于其达到稳态的时间。若在参照状态的基础上，略微提高垃圾分类难度，即 $p_g\times\overline{g}=2.5$，仍设 $p_g\times\underline{g}=0$，演化仿真如图 6-4 所示，稳态结果为 0。

在参照状态基础上提高环境效用赋值，$\overline{U}=9$，$U=3$，$\underline{U}=-1$，仿真图如图 6-5 所示。在封闭型社区的参照状态基础上，若社区内居民收入水平更高，即设定 $\lambda=0.8$，其仿真如图 6-6 所示。此两种情况，与图 6-4 相比，显示其达稳态时间更短，表明在提高环境效用赋值、居民收入水平更高的环境下，强规制能有更好的适用性。换言之，就是同样的封闭式小区，如果居民认为洁净的社区环境带来的效用更高，强规制实施的效果会更好。若居民收入水平更高，对洁净社区环境的需求更缺乏弹性，强规制实施的效果相对来说也会更好。所以从图 6-5 与图 6-6，可见达到 0 值稳态的时间更短。

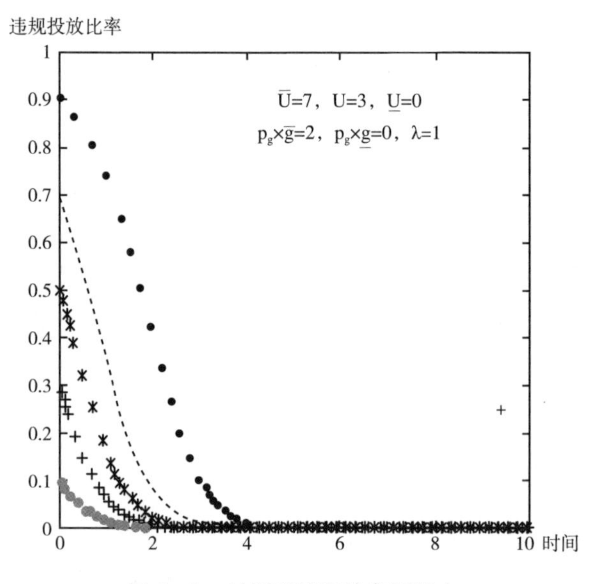


**图 6-3　封闭型社区的参照状态**

资料来源：笔者使用 Matlab 软件所得。

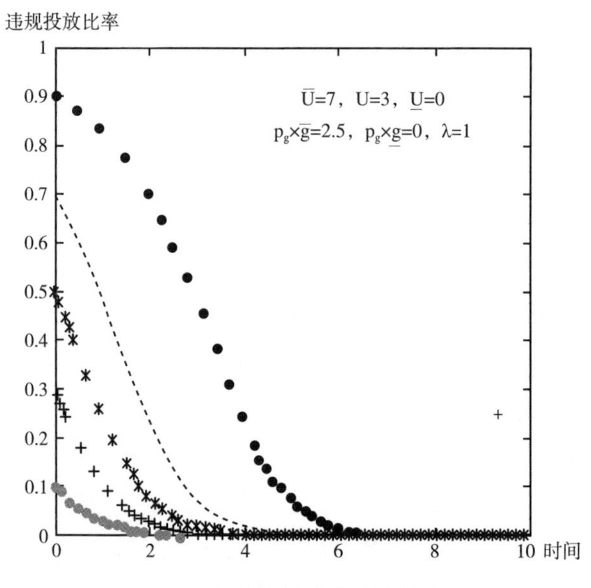


**图 6-4　提高垃圾分类难度的稳态**

资料来源：笔者使用 Matlab 软件所得。

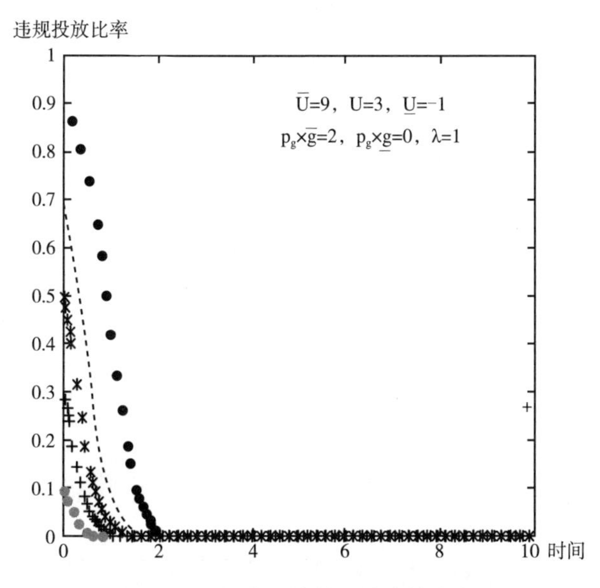


**图6－5　提高环境效用赋值的稳态**

资料来源：笔者使用 Matlab 软件所得。

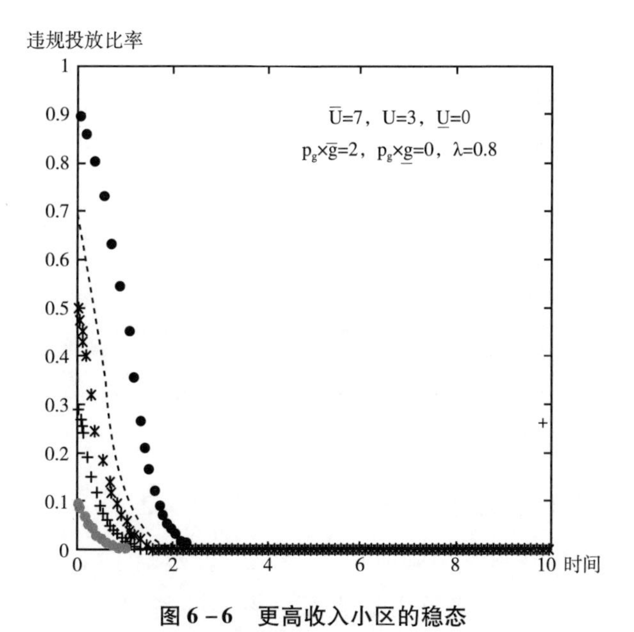


**图6－6　更高收入小区的稳态**

资料来源：笔者使用 Matlab 软件所得。

### 6.4.2 开放型社区下的强规制效应

结合前文对社区分类的理论分析，以及对城市社区的调研情况，设定开放型管理的社区洁净环境的效用值分别为 $\overline{U}=2.5$，$U=2$，$\underline{U}=0$；在同一城市，垃圾分类成本不变，设家庭承担的成本为 $p_g\times\overline{g}=2$，$p_g\times\underline{g}=0$；设定该社区内居民收入水平一致，$\lambda=1$；并以此为开放型社区的参照状态。该参照状态下，演化仿真如图 6－7 所示，稳态值为 1，即违规投放将成为社区居民的普遍选择，说明在开放型社区实施强规制会面临较大的违规投放的风险。

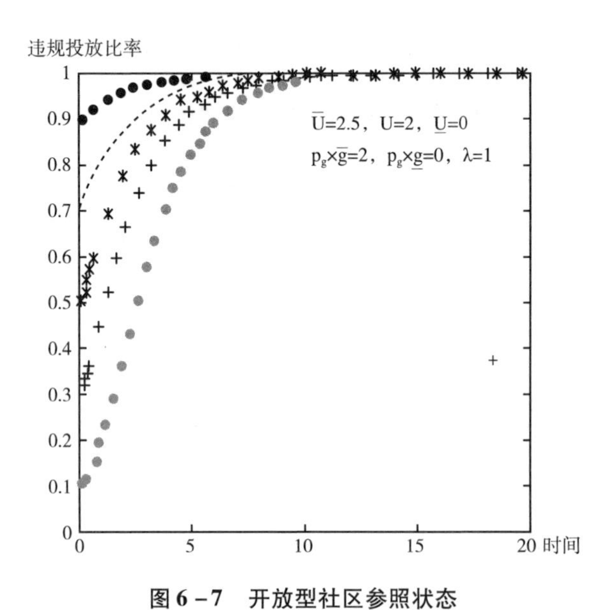


**图 6－7　开放型社区参照状态**

资料来源：笔者使用 Matlab 软件所得。

若在开放型社区参照的基础上（$\overline{U}=2.5$，$U=2$，$\underline{U}=0$），提高垃圾分类难度，由原来的垃圾分类成本 $p_g\times\overline{g}=2$，提高到 $p_g\times\overline{g}=2.5$，仍设 $p_g\times\underline{g}=0$，则得到图 6－8。若在开放型社区参照的基础上（$\overline{U}=2.5$，$U=2$，$\underline{U}=0$），改变环境效用函数，降低环境效用赋值，即降低环境效用对环境变化的敏感度，假设人们对洁净社区没有特别的感受，设 $\overline{U}=2$，$U=1.5$，

$\underline{U}=0$，该两种情况的演化仿真，皆显示会加速到1的稳态值，见图6-9。

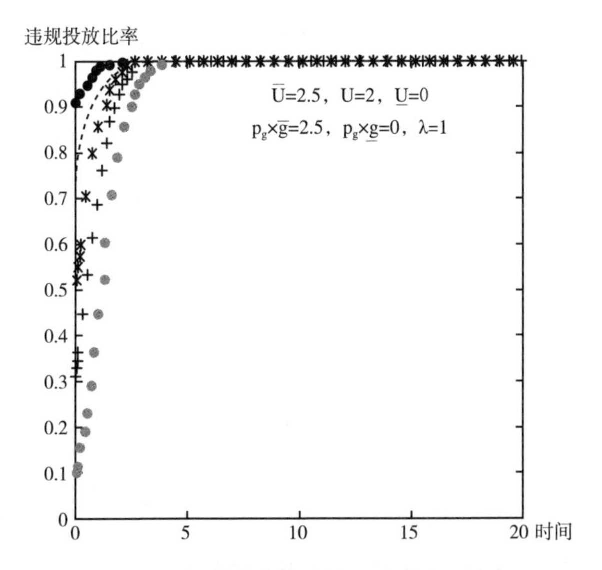


**图6-8　提高分类难度的开放型社区稳态**

资料来源：笔者使用 Matlab 软件所得。

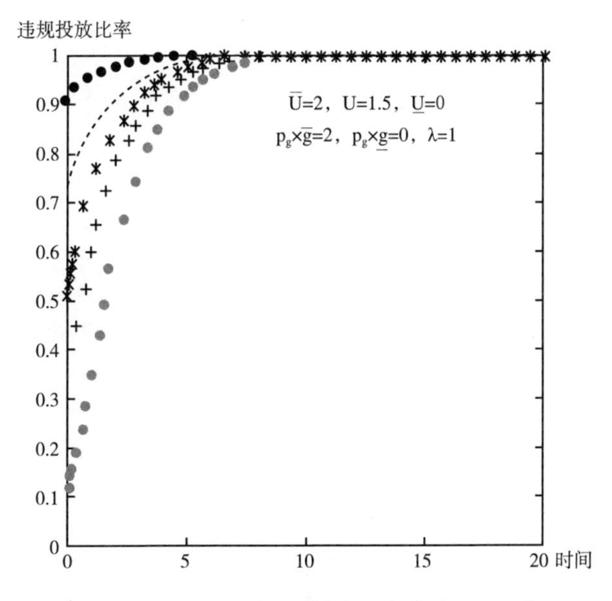


**图6-9　降低环境效用赋值的开放型社区稳态**

资料来源：笔者使用 Matlab 软件所得。

## 6.5 经济激励的规制效果

### 6.5.1 两类社区的经济激励

封闭型社区具有社区空间容积较小，与外界的物理边界清晰存在；所住居民收入较高，对社区环境要求高，社区的容污能力弱；社区管理严格，环境监控力量强的特点。该类社区主要为城市内的中高层次小区。在该类社区中，演化稳定状态下选择违规投放的家庭比率为 $x^*=1$，对该类社区实施规制的目标是加快其达到稳态的时间。开放型社区，它具有社区空间容积大，封闭性弱，社区的容污能力较强，社区管理松散，违规投放的风险小而外溢成本大的特点。这类社区是我国现阶段城市内最常见的松散小区社区，或非小区的社区状态。在这种社区状态，ESS 状态下，$x^*=1$。换言之，如果仅基于成本—收益分析作经济决策，违规投放将演变成为居民的普遍选择。因此，针对该类社区，我们要讨论的是，用经济激励的规制措施是否能改变稳态效果，能否将稳态效果由 $x^*=1$ 转变到小于 1。

假设在社区范围内在规定的时间段、地点、称重计量后抛投垃圾为循规抛投。在上述时间、地点外私自抛投，或者带离该社区以逃避支付费用的行为都为违规投放。社区管理者可以通过社区日常管理人员巡视、社区所设视频监控对社区实施动态管理。假设：（1）住户实行违规投放后被巡逻或视频监控查出的概率为 t，$0<t<1$；（2）被查出实行违规投放垃圾的家庭，将被处以 f 的罚金，$f>0$。因此，当社区实行规制后，社区内家庭决策的收益将会发生改变。

### 6.5.2 经济激励条件下社区稳态的仿真

在封闭式社区条件下，保持参照状态，即小区洁净环境的效用值为 $\overline{U}=7$，$U=3$，$\underline{U}=0$；家庭为垃圾分类承担的成本为 $p_g\times\overline{g}=2$，$p_g\times\underline{g}=0$；当没有经济激励时，即其稳态见图 6 - 10。在图 6 - 10 中，没有设置经济激励，没有抽检—罚款的 $t=0$，$f=0$ 状态；当设置 $t=0.1$，$f=3$，稳态如图 6 - 11 所示。

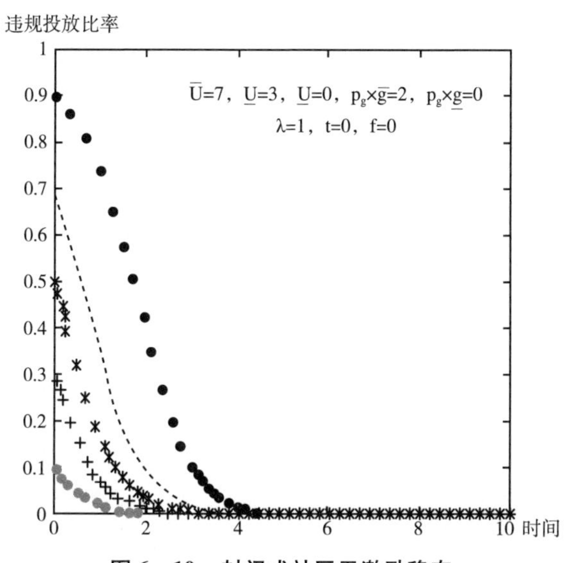


**图 6－10　封闭式社区无激励稳态**

资料来源：笔者使用 Matlab 软件所得。

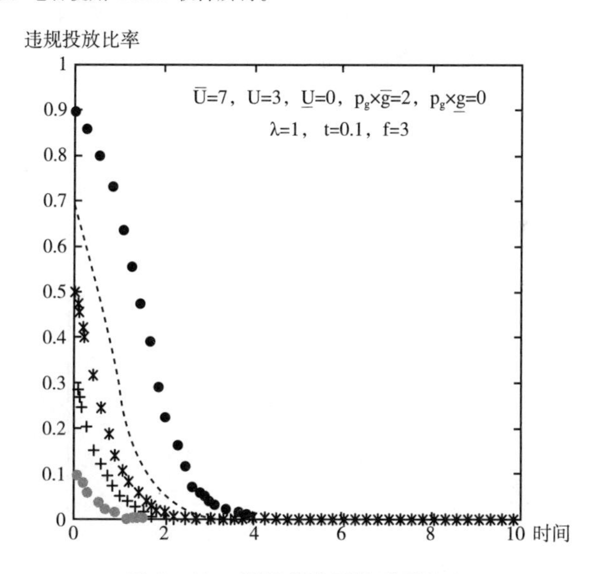


**图 6－11　封闭式社区激励后稳态**

资料来源：笔者使用 Matlab 软件所得。

t＝0.1，意味着违规投放有 10% 的概率被抽检到，并给予罚款。罚款的金额设置为 3，注意垃圾分类的成本为 $p_g \times \bar{g} = 2$，惩罚金额仅为成本的 150%，较之于现实，它的惩罚力度应该算较小。当设置 t＝0.1，f＝5，稳态见图 6－12。

相比于图 6－11 的设置，抽检比率不变，但惩罚力度加大，为垃圾分类成本的 2.5 倍，在图 6－12 中，各状态收敛到横纵的线更为陡峭，它达到稳态 $x^*=0$ 的时间要略早于图 6－11。当 t＝0.2，f＝3 时，仿真如图 6－13 所示。

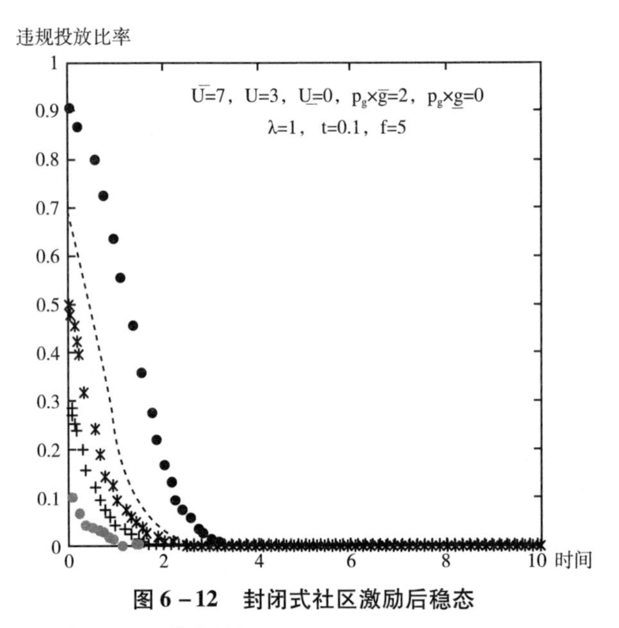


**图 6－12　封闭式社区激励后稳态**

资料来源：笔者使用 Matlab 软件所得。

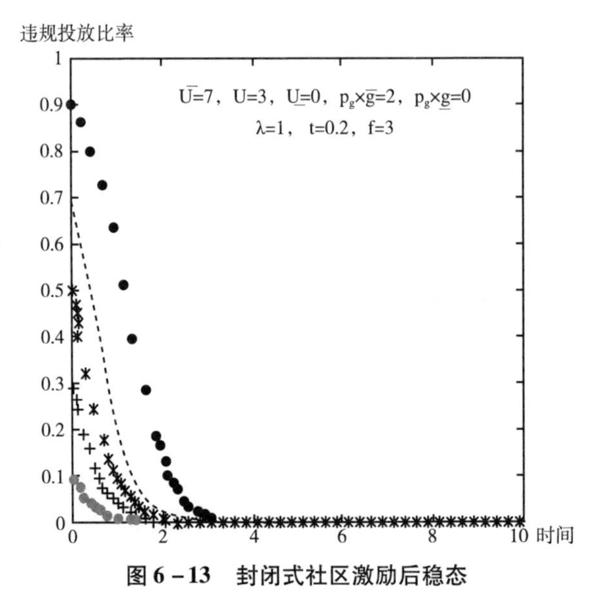


**图 6－13　封闭式社区激励后稳态**

资料来源：笔者使用 Matlab 软件所得。

若对开放式社区，也实施抽检—罚款的经济激励：对于开放式社区来说，因为它没有清晰的物理边界，社区人口流动性大，对违规投放实施抽检的难度较大，且考虑到现实的执法成本允许，故设 $t = 0.05$，即违规投放有5%的概率被问责。当然，随着技术的成熟与制造成本的降低，社区内垃圾投放点装有摄像头，而且在社区内摄像头铺设的密度几乎能保证社区大部分地区能被监控覆盖。加之，大数据的生成、提取与处理，随着技术的发展能够进一步降低执行成本。

对开放式社区的监管在垃圾分类执行成本为 $p_g \times \bar{g} = 2$ 的条件下，假设对抽检到的实施违规投放的居民给予罚款，以2倍、3倍、4倍于分类成本来实施。为显示稳态对经济激励的敏感度，仿真形如图6－14、图6－15所示。图6－14、图6－15分别呈现的是 $f = 4$，$f = 8$。如以上两张仿真图显示，在开放式小区实施经济激励后，并不能改变稳态的违规投放比率为1的结果，只能改变达到稳态的速度。因此，对于开放式小区，现阶段可设计的经济激励难以达到理想的效果，声誉激励或者“经济激励＋声誉激励”的组合激励方式也许能改变稳态结果。

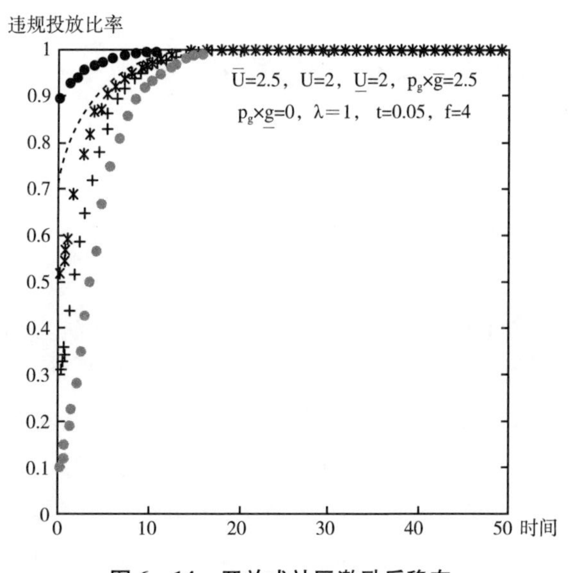


**图6－14　开放式社区激励后稳态**

资料来源：笔者使用Matlab软件所得。

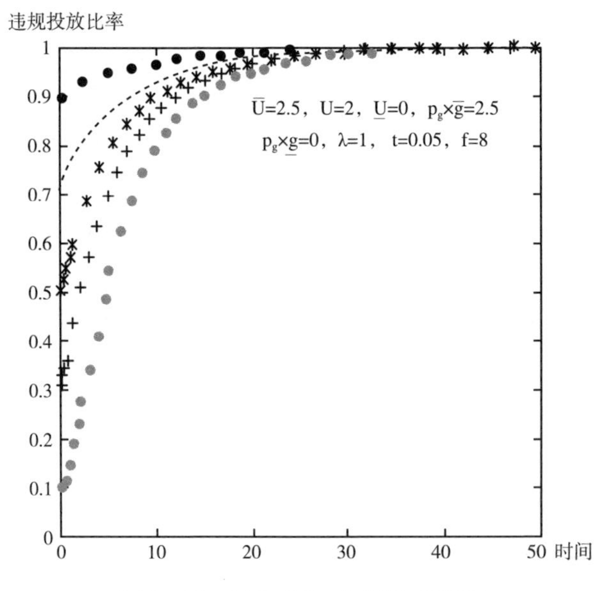


**图 6 – 15　开放式社区强激励后稳态**

资料来源：笔者使用 Matlab 软件所得。

## 6.6　本章小结

在我国实施强规制的背景下，家庭与民众须对垃圾分类承担更多的责任和成本，需要规范家庭垃圾投放。面对我国的社区，可根据开放型社区和封闭型社区分成两类，两类社区居民的环境效用曲线凹凸性不同。社区成员间的垃圾分类行为会互相影响共同作用，并最终演化到稳态水平（演化稳定策略）。研究发现，（1）强规制的垃圾分类效果因社区类型而异，在封闭型社区的适用性较好，ESS 分析显示，强规制在时间轴显示为 4 期左右，居民垃圾有效分类，零违规投放成为演化的稳态。（2）在开放式社区，随着演化的时间轴拉长，当时间轴在 10 期左右，违规投放成了居民的普遍选择。（3）当提高垃圾分类的难度，在开放式社区会更快地演化到违规投放比率为 1 的稳态；在封闭式社区，达到违规投放比率为 0 的稳态时间要明显变长。（4）当提高环境效用的赋值，在收入水平高的社区，显然更能抑制违规投放的发生。在仿真图显示，无论是开放式社区还是封闭式社区，相对于各自的参照状态（封闭型社区见图 6 – 3，开放型社区见图 6 – 7），提高环境效用赋值、收入水平更高的封闭型社区在更短的时间内达到违规投放率为 0 的稳态；而开放型社区则在更长时间才达到违规投放率为 1 的稳态，说明民众对生活环境要求更高、收入水平更高的小区更易于实现垃圾分类的合作行为。

实施经济激励后，在封闭式小区达到违规投放率为 0 的用时变短，说明在封闭式小区实施抽检—罚款能让小区的垃圾分类在更快时间实现“完美投放”的状态。而在开放式社区中，现有经济激励难以改变其违规投放率为 1 的稳态结果。说明在我国现阶段，占比一半以上的开放型社区，比建立起经济激励与约束机制更重要、更适用的应该是声誉激励，这是将在第 7 章展开的内容。

结合笔者的调研来看，前文的理论研究结果与实践情况是相符的。在封闭型小区，实施垃圾分类的强制规制取得了良好的效果，这主要归因于三点：一是社区居民对洁净环境有更高的需求；二是社区“自成一统”的环境便于执行强制分类；三是封闭式社区更有利于社区志愿者组织的成立，而这些志愿者组织是推进垃圾分类的强大助力。相比之下，开放型社区由于人口流动性大，民众对社区环境的意识相对淡漠，加之开放型社区环境对违规投放监管的成本更高，因此，在开放型社区推行强制分类，难以在短期内取得显著实效。从国际经验来看，生活垃圾分类的推进与实施，往往需要二三十年的时间，才能从政策要求内化为社会规范，逐步达到理想效果。

| 第 7 章 |

# 社区视角下强制分类的声誉激励

根据笔者调研，基层社区推行垃圾分类政策，常常面临着低参与率和抵触情绪的问题。在一社区访谈时，相关管理人员描述有小区在强制实施垃圾分类后两三天出现的极端情况，“那几天小区内的场景……无法描述，那时候我们的唯一念头不是垃圾分类，而是垃圾先出小区”，居民抵触生活垃圾强制分类，逃避承担垃圾分类责任，以违规投放的方式表现出来。在第 6 章利用演化博弈分析方法，分析了强制分类在开放式社区、封闭式社区的稳态。讨论了在封闭式社区条件下，实现抽检—罚款这一负向经济激励模式时家庭收益矩阵发生变化，并因此改变社区内的垃圾分类行为，从而实现封闭式社区垃圾分类效果的整体改变。在开放式社区，由于其与外界的边界不清晰，实施强规制会导致垃圾违规投放成为普遍选择。

我国城市中开放式社区的人口约占 70%，人口规模大且开放式社区人口流动性相对较大，社区无清晰稳定的物理边界，要采用抽检—罚款的经济激励难度大。对于该类型的社区，环境教育、道德强化、声誉机制是可供选择的工具。本章将在第 6 章模型设定的基础上，探讨基于道德而建立的声誉机制在社区这一社会网络上，将改变家庭分类行为的收益——内在的道德、外在的声誉约束都将改变家庭的效用函数，进而改变社区内两个家庭的收益矩阵与博弈，并最终影响其稳态结果，从而实现对整个社区垃圾投放效果的改变。

## 7.1　社会规范的制度力量

如第4章内容所示，为了推动垃圾分类，我国制定并实施了多层次、多类别的法律，包括全国人大审议通过的法律、国务院颁布的行政法规、部委或省市政府出台的规章，以及省市人大制定的地方性法规等，这些共同构成了一个从部署到实施的、严密的法规体系。然而，事实上，很多时候法律的力量被高估了。个体集体行动所形成的社会秩序，在更大程度上受到社会规范的影响。从广义上讲，法律和社会规范都属于制度范畴。法律是正式的、具有硬性约束力的制度，而社会规范则是非正式的、具有软约束力的制度。两者都是用来协调人们行为的准则。在引导、督促居民垃圾分类以及习惯养成方面，社会规范这一制度的力量显得尤为突出。

社会规范是指人们在某些社会行为和社会活动中所遵循的共同准则。当某一行为被大众广泛认定为应遵循某种规则时，这种“应该”便深入人心，进而形成“社会规范”。这种规范不需要像法律那样强制实施，人们会自觉遵守。同时，自觉遵守的民众会对不遵守此规则的群体形成压力，促使他们也遵守规范。因此，一旦社会规范形成，人们往往会自觉遵守。例如，在公共场合人多时，人们会自觉排队，并按照先来后到的原则依次进行；又如，公共场合不能随意丢弃垃圾，否则会被认为是不正确的行为。人们遵守行为规范，部分原因可能是“内化于心、外化于行”的自觉遵守，部分原因则是在“人人都遵守，我不遵守会被鄙视”的社会压力下遵守。无论是出于内心秩序的考虑，还是出于自身利益的考虑，或是出于外在压力的选择，遵守社会规范都成为民众的理性选择。社会规范的形成，可能源于道德观念，或者基于道德观念上的声誉机制等因素。

## 7.2　道德：调和个人利益与集体利益的工具

### 7.2.1　个人利益、集体利益的冲突与和谐

个人利益最大化的决策是集体利益最大化的推动力或是阻力，这仍然是

经济学的一个重要议题。就个人利益与集体利益的冲突与一致，通过对相关观点进行梳理，在经济发展史上经典理论有以下几种。

亚当·斯密认为，道德是一种隐形契约，是“神的命令与规则”。道德力量可以约束人们的自私，“道德力量制订了各种行为准则来限制我们的自私行为，它能将众人结合在一起，成为可运转的社会”。如果人们遵守道德，即遵守了“上帝的规则”，会“享受精神宁静、满足和踌躇满志”，反之则会“受到内心的耻辱与自我谴责的折磨”。这种遵守或违背道德而致的宁静满足或自我谴责，可归为上帝的奖赏或惩罚。现在心理学认为道德源于人的自我内心审视与自我评判。毫无疑义的是，违背道德确实会产生新的成本，“也许它来源于上帝”，或者来源于自己。

古典主义认为，自利行为是人类天性的基础，个体通过追求自身利益最大化，必然会导致集体的收益最大化。因此，古典主义认为个体利益与集体利益是自然和谐的，而非冲突的。个体在追求自身利益过程的同时，促进了社会的总体均衡。在此过程中，市场常常成了协调个人与社会利益的机制。

功利主义认为道德是调和个人幸福与集体幸福的一种工具，它倡导道德伦理原则，通过道德来引导人们的行为以促进更多数人的幸福。该理论认为所有个人都追求总幸福的最大化，若一个人仅仅追求自己的幸福，这种行为并不一定能增进整体的幸福。但社会通过各种“工具”强制个人促进整体的幸福，它包括法律、道德与其他社会制裁，甚至还有宗教制裁，用以惩罚追求个人幸福而损害他人幸福的行为。因此，在功利主义理论体系里，道德是调和个人幸福与集体幸福的一种工具。从表面上来看，强化道德是反对个人利益的，但实质上，道德的功能是调和短期利益与长期利益、局部利益与整体利益，最终目标还是促进个人利益。

相比于此前的个人利益与集体利益和谐论，或者个人利益总体和谐、局部可能冲突的观点，制度主义认为人们之间存在着严重的利益分歧，但人又是合作性的、集体性的动物。人们之所以会合作，是成员们有共同私利，他们将自己组织成团体，以实现整个团体的共同利益，于是利益冲突上升到团体间层次。因此，政府为保证经济体制的有效运转、实现社会的共同利益，应该对利益的冲突进行秉公协调和控制。而法律与道德是协调与控制的工具。道德问题的本质，被认为是个人利益与集体利益的冲突，即“Each-We

Dilemma”。个人利益与大众利益两难的冲突导致了“道德”这一问题的产生。宾默尔（Binmore）从演化的视角来看道德，认为道德是一种社会契约，是基于类似“互惠利他主义”而得以维持的有效社会契约。

### 7.2.2　道德是资源配置的第三种调节方式

在资源配置的机制中，除了市场与政府这两种调节方式，还有习惯与道德作为第三种调节方式（厉以宁，2010）。习惯与道德在市场与政府出现之前，在市场与政府作用不了的领域，是唯一起作用的调节方式。从社会发展的趋势来看，在习惯与道德调节起主要作用的非交易领域内的活动有可能不断增多。随着非交易领域的不断扩大，道德调节在社会经济生活中的作用也将越来越突出。厉以宁认为，当经济发展到一定程度时，人们的行为越来越依靠道德的约束。道德约束是社会交易费用的一种“节约机制”。

虽然市场是建立在“人是经济人，人是自利的”这一基础假设前提之上，但市场也有其道德。哈耶克在其《通向奴役之路》中将自利与自私作了区别，他认为，自私是发自人求生存的本能，强调私己至上，为了私己的利益随时可能侵犯他人的权利。在“自私者”的价值系统里，他人的任何利益（基本包括健康、生命）都被安排为自己的利益让路。换言之，“自私者”可以“损人利己”。而“自利”虽然强调以自我利益为第一位，但它是基于人的理性，在“己所不欲，勿施于人”的道德律框架下追求自我利益最大化。与前者不同的是，虽然它也是追求自己的利益最大化为目标，但从理性出发，是在“不损人”的基础上利己。

### 7.2.3　违规投放的社会环境

在经济变革阶段，社会秩序处于变动与重构的过程中，人们往往更倾向于决策短视、行为短期化及机会主义（汪丁丁，2011）。与发达国家的城市相比，我国城市人口众多，且社区治理水平仍相对落后。在实施生活垃圾按量计费政策时，违规投放被视为该政策实施的主要障碍。换言之，在实施按量计费以降低垃圾产生与投放的制度时，尽管可能带来垃圾减量和处理成本节约的积极影响，但更可能引发的问题是垃圾违规投放的增多，这不仅会破坏市容和社区环境，还会增加垃圾收集的难度，进而产生新的成本。

与污染企业非法排放相比，市民违规投放生活垃圾的行为更难被监管和追责。在按量计费制度下，由于监管难度大，生活垃圾违规投放的约束力主要依赖于家庭成员的道德自律。道德观念、环境意识的强弱或有无，都会直接影响家庭在垃圾处理决策中的考量。从日本、韩国等垃圾分类制度成熟的国家来看，他们致力于构建和培育一种社会氛围与共识：即个人不参与垃圾分类会感到羞耻，并会受到周围人的监督。因此，这种社会氛围对垃圾分类和违规投放的约束，既包含道德自律的内在力量，也包含舆论与环境的外部压力，最终有助于在整个社会形成强烈的环境意识和自觉分类回收的行为习惯。

## 7.3 社区环境下道德与声誉

### 7.3.1 道德与人类合作关系

道德行为通常指的是人类个体在自我决策的基础上，所展现出的既克制自我又利于他人，并且遵循社会价值导向的行为。这种行为不仅构成了个体间相互尊重和合作的基础，而且是社会发展和进步不可或缺的条件。首先，坚守道德准则有助于促进合作，因为道德坚守能够建立群体成员间的信任，而高度信任的群体能够减少谈判和交易成本，从而更容易实现合作。其次，坚持道德准则对于实现长期合作至关重要，它有助于在合作中达到利益平衡，确保个体能够公正、公平地获取资源、享受权益并承担相应责任，使合作得以持续进行。再次，道德规范还有助于化解冲突，它促使个体以理性和善意的态度去面对和解决冲突，从而维护合作关系的稳定和长久。最后，道德规范能够激发个体的责任感和奉献精神，使他们更加愿意为集体利益付出努力，进而实现合作的最大效益。

### 7.3.2 社区网络的声誉机制

人类合作行为的演化规律显示个体的行为可预见性与其所处的社会网络

紧密相关。在社会变迁相对缓慢的时代，社会网络的形成常基于血缘上的相近或地理上的相邻等，形成了如族群、乡亲等以“熟人社会”特征的社会网络。该类网络中个体的流动性小，且由于“生得亲”或者“住得近”，这种“亲近”的关系，使成员知根知底、“信息完全”，甚至这种个体行为所积累的声誉可以实现代际传承。因此，“熟人社会”基于人情关系的道德规范，比“陌生人社会”更容易形成循环激励机制。

在传统的“熟人社会”，在合作过程中有成员选择背叛公共利益，或者为公共利益作出了巨大贡献等信息是通过社会网络中的口头传递来传达的。特别是在多个参与者重复合作的情况下，社会网络成为协调性惩罚和相关激励的重要手段。这种社会网络的存在有助于克服一次性博弈中的侥幸心理，从而确保大规模合作行为的稳定性和可持续性。

与正式制度相比，社会网络在奖励或惩罚的范围和实施成本方面具有独特优势。它通过自发形成的秩序，广泛而持久地影响成员的个体行为。社会网络通过信息传递、协调性惩罚和关联激励等功能，促进了社会群体行为的演化。这种自下而上的社会网络机制可以弥补正式制度的局限性，并在社会合作中发挥重要作用。

### 7.3.3　社区环境垃圾分类的声誉机制

社区是由一群居住在相近地理位置的人构成的小型社会群体。在社区内部，人们建立了相互联系和依赖的关系网。家庭，作为社区的基本构成单元，其在社区中的声誉对个人及整个家庭都极为重要。家庭的声誉能够影响他们在社区中的社交圈子、机遇及所受到的待遇。通过声誉的激励机制，我们可以将垃圾分类转化为一种社交活动和社区责任，进而提升居民的参与度和实践的可持续性。社区独有的社会网络、社会规范以及邻里间的信任，都是推动垃圾分类水平提升的重要因素。便捷的邻里社交网络有助于减少居民的机会主义行为和“搭便车”现象；社会规范增强了居民行为的可预见性，增强了他们参与环境保护集体行动的信心；而社会信任则通过降低交易成本，促进了居民之间的自主合作。

就参与垃圾分类的居民而言，某些声誉激励的制度设计，如社区表彰、荣誉称号或信用记录、“红黑榜”等，可以激励更多居民更好地参与垃圾分类。家庭在社区中的声誉是指家庭在社会群体中所获得的评价和认可程度。享有良好声誉的家庭，更容易受到其他家庭的尊重和信任，从而扩大自己的社交圈子，获得更多的社交机会和资源；也更容易获得志愿者机会和社区资源的支持；能够为社区的发展作出积极的贡献，他们更有可能参与社区事务、公共活动和志愿服务，进而促进社区的繁荣并增强社区认同感。

## 7.4 开放型社区声誉激励下的 ESS 分析

面对违规投放生活垃圾这类违反社会公德的行为，基层治理面临合法有效的制约手段缺失的挑战。在外在约束难以奏效的情况下，通过加强居民环境教育、扩大声誉激励等内在手段来提升居民的环境道德意识，成为一种可行的选择。人的行为动机包含经济性和非经济性两方面，共同构成行为的内在动力。除显性的外在经济因素外，隐性的内在道德行为准则也影响人们的决策。在开放型社区这一我国主导的社区类型中，由于违规投放的成本低、收益大，往往成为稳态结果。当外在环境约束薄弱时，人们的行为更依赖于内在约束。若考虑道德因素，开放型社区内的家庭会如何选择呢?

### 7.4.1 声誉激励改变家庭的收益矩阵

道德因素，作为一种重要的自我约束力量，尤其是在信息不对称、监管体系薄弱环境下，对个体经济活动产生影响。道德因素将影响家庭成员策略选择的效用，进而改变博弈时的收益矩阵。两家庭对称博弈的收益矩阵，以表 7 - 1 为基础：假设循规投放时，家庭的收益不变；当违规投放时，家庭会因为自身羞耻感、邻居舆论的负面评价等导致负的效用 $-\theta$，$\theta>0$。$\lambda$ 为家庭的货币边际效用，则 $\frac{-\theta}{\lambda}$ 为家庭因为违规投放而受到来自外在或内心的道德“差评”或“自身羞耻感”等而导致的收益受损量。同样从平均水平观察，不考虑个体差别的情况下，$\theta$ 值受以下因素的影响：（1）公德意识水平；（2）道德自律水平。θ 值可以通过环境意识的培育、公民自律教育等手段实现提升。

家庭在循规投放时的收益不变，与表 7-1 相同。$a = -\bar{g} \times p_g + \frac{\bar{U}}{\lambda}$，$b = -\bar{g} \times p_g + \frac{U}{\lambda}$；考虑道德因素后，家庭在违规投放时其相应的收益发生变化，在两种条件下的收益如表 7-1 所示：$c_1 = \frac{U - \theta}{\lambda} - \underline{g} \times p_g$，$d_1 = \frac{\underline{U} - \theta}{\lambda} - \underline{g} \times p_g$。

**表 7-1　　道德因素条件下两家庭对称博弈的收益矩阵**

| 变量 | | 家庭 B | |
|---|---|---|---|
| | | 策略 1：循规投放 | 策略 2：违规投放 |
| 家庭 A | 策略 1：循规投放 | $(a, a)$ | $(b, c_1)$ |
| | 策略 2：违规投放 | $(c_1, b)$ | $(d_1, d_1)$ |

资料来源：笔者绘制。

### 7.4.2　声誉激励下开放型社区的 ESS 分析

如同前文的演化博弈分析，演化均衡点时，当 $F(x) = 0$，x 有三个值：$x_1 = 0$，$x_2 = 1$，$x_3 = \frac{c_1 - a}{(c_1 - a) - (d_1 - b)}$。根据稳定点的选择，显然，可以得出这样的结论：（1）当 $x_3 < 0$ 时，$x^* = 0$；（2）当 $0 < x_3 < 1$ 时，$x^* = \frac{c_1 - a}{(c_1 - a) - (d_1 - b)}$；（3）当 $x_3 > 1$ 时，$x^* = 1$。因此，$x_3$ 的值将决定演化稳定策略时选择违规投放的家庭比率，即 $x^*$ 的值。故，将 a、b、$c_1$、$d_1$ 的值分别代入 $x_3$，$x_3 = \frac{c_1 - a}{(c_1 - a) - (d_1 - b)}$。对其进行以下分析与讨论。

（1）若在 $c_1 > a$，$d_1 > b$ 成立时，当 $c_1 > a$，即意味着 $c_1 - a = (\bar{g} - \underline{g}) \times p_g - \frac{\bar{U} - U + \theta}{\lambda} > 0$。同理，当 $d_1 > b$ 时，必有 $(\bar{g} - \underline{g}) \times p_g > \frac{U - \underline{U} + \theta}{\lambda}$；此时

的 $x^* = 1$。其经济含义为在开放型社区里，当对方实施循规投放时，己方违规投放节约的垃圾处理费而导致的效用增加量，大于因违规投放而致的社区内环境受损、邻居对自己的道德“差评”以及家庭成员“自我歉疚”而致的效用减少量。在开放型社区内，虽然要考虑道德因素，但其影响不够大时，违规投放依然是开放型社区的稳态选择。这与不考虑道德因素的结论一样。

（2）若在 $c_1 < a$，$d_1 < b$ 成立时，则有下列两个不等式成立：$(\bar{g} - \underline{g}) \times p_g < \frac{\overline{U} - U + \theta}{\lambda}$；$(\bar{g} - \underline{g}) \times p_g < \frac{U - \underline{U} + \theta}{\lambda}$。通过计算，此条件下稳态时 $x^* = 0$。换言之，当 $c_1 < a$，$d_1 < b$ 时，在开放型社区中违规投放得到控制。理论上，在稳态条件下发生违规投放的家庭比率为 0。

（3）再看 $c_1 < a$，$d_1 < b$ 条件成立时，要求 $(\bar{g} - \underline{g}) \times p_g < \frac{\overline{U} - U + \theta}{\lambda}$。$(\bar{g} - \underline{g}) \times p_g$，可理解为当对方实施循规投放，己方违规投放时，节约的垃圾处理费，即违规投放的收益；而 $\frac{\overline{U} - U + \theta}{\lambda}$，可理解为当对方实施循规投放，己方违规投放时，社区内环境受损、邻居对自己的道德“差评”以及家庭成员“自我歉疚”而致的效用量减少转化的负收益，即违规投放的成本。因此，当对方实施循规投放时，或对方违规投放时，己方违规投放的收益小于成本。当道德约束达到这种强度，即无论对方循规投放或违规投放，己方违规投放时的收益总小于成本，则稳态条件下将不会发生违规投放。

## 7.5 开放型社区声誉激励下的 ESS 仿真

### 7.5.1 开放型社区下的强规制效应与优化对策

结合前文对社区分类的理论分析，以及对城市社区调研情况，设定开放型管理的社区洁净环境的效用值分别为 $\overline{U} = 2.5$，$U = 1.5$，$\underline{U} = 0$；在同一城市，垃圾分类成本不变，设家庭承担的成本为 $p_g \times \bar{g} = 2$，$p_g \times \underline{g} = 0$；设定该社区内居民收入水平一致，$\lambda = 1$；并以此为开放型社区的参照状态。该参照状态下，演化仿真如图7－1所示，稳态值为1，即违规投放将成为社区居民的普遍选择。在此基础上，略微提高垃圾分类难度，即 $p_g \times \bar{g} = 2.5$，仍设 $p_g \times \underline{g} = 0$；或者改变环境效用函数，降低环境效用赋值，降低环境效用对环境变化的敏感度，设 $\bar{U} = 2$，$U = 1.5$，$\underline{U} = 0$，该两种情况的演化仿真，皆显示会加速其到1的稳态值；囿于篇幅，此两仿真图省略。

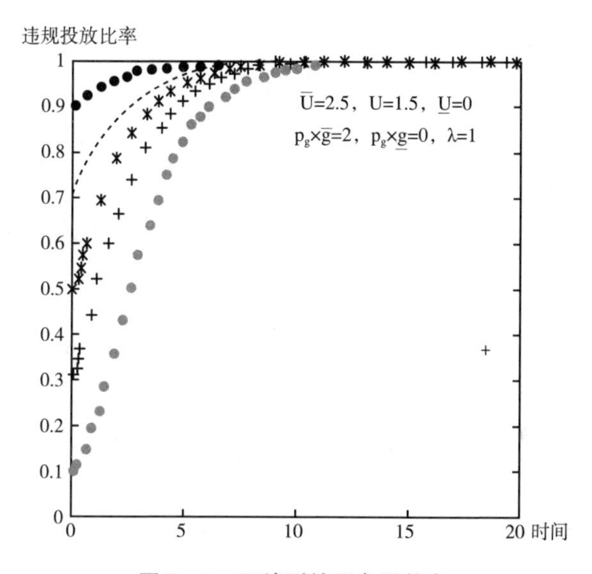


**图7－1　开放型社区参照状态**

资料来源：笔者使用 Matlab 软件所得。

在开放型社区参照状态的基础上，若考虑收入水平差异的因素，即若社区的收入水平低，则货币的边际效用增加，设 $\lambda = 1.25$，其他设定值不变，其演化仿真如图7－2所示，与参照状态的图7－1相比，显然更快速地达到稳态值1。说明在收入水平相对低的社区实施强规制，违规投放会更快地成为居民的选择。

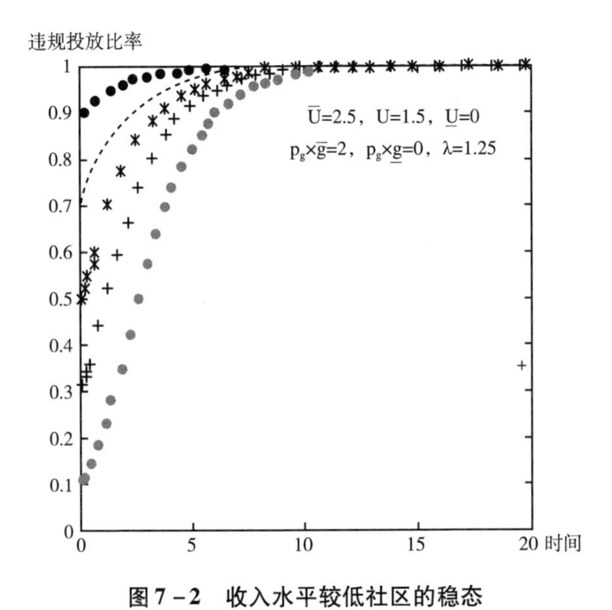


**图 7－2　收入水平较低社区的稳态**

资料来源：笔者使用 Matlab 软件所得。

## 7.5.2　开放型社区下的强规制效应与优化对策

如果加强邻里约束或环境道德教育，例如某些社区对垃圾分类的民众参与度、垃圾分类的准确率，以楼栋为单元考核，会使邻里间的道德约束增强。一个典型的例子，如以大学生宿舍为单位进行检查，会增强宿舍成员之间的互相监督与激励，“邻里声誉约束”就会增强。此外，要在社区强化垃圾分类的环境道德教育，使“生活垃圾分类是市民义务”的观念深植民心。在开放型社区的参照状态下（$\overline{U}=2.5$，$U=2$，$\underline{U}=0$；$p_g\times\overline{g}=2$，$p_g\times\underline{g}=0$；$\lambda=1$），当居民实施违规投放时，他会因为自身羞耻感以及邻居舆论的负面评价等产生一个负的效用 $-\theta$，该 $\theta$ 值的到达一定程度时，会改变社区内演化博弈方向。分别设 $\theta=0.6$、$\theta=0.8$，对该博弈进行演化仿真，结果如图 7－3 和图 7－4 所示。当 $\theta$ 值达到一定额度时，因道德强化导致的邻里声誉约束会改变稳态值：$\theta=0.6$ 时，稳态值约为 0.8，在 35 期左右到达稳态。若道德约束进一步增强，设 $\theta=0.8$，演化仿真结果如图 7－4 所示，该条件下稳态值约为 0.4，违规投放比例大幅降低。进一步地，若 $\theta=0.9$，在仿真图中显示，大约在35期时达到稳态值，约0.2，如图7－5所示。

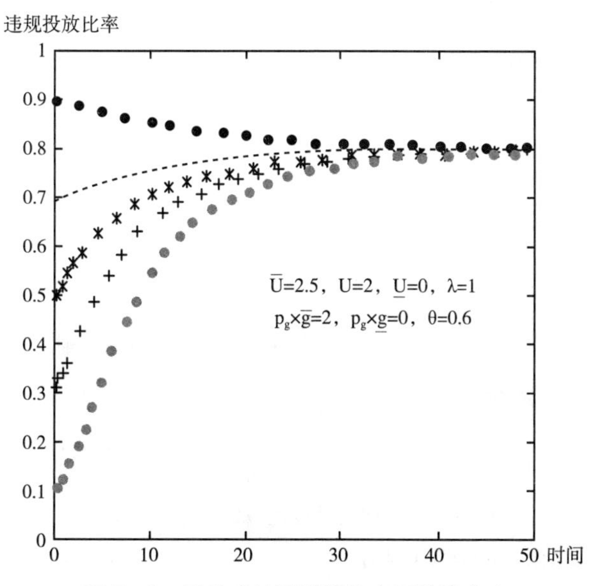


**图7－3　开放式社区道德约束下的稳态1**

资料来源：笔者使用 Matlab 软件所得。

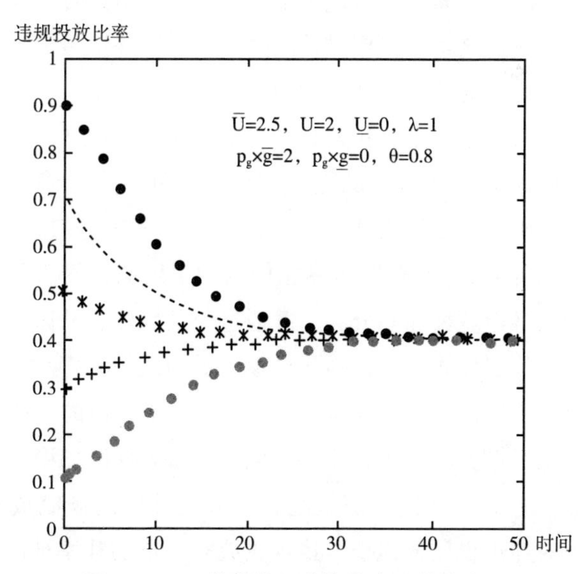


**图7－4　开放式社区道德约束下的稳态2**

资料来源：笔者使用 Matlab 软件所得。

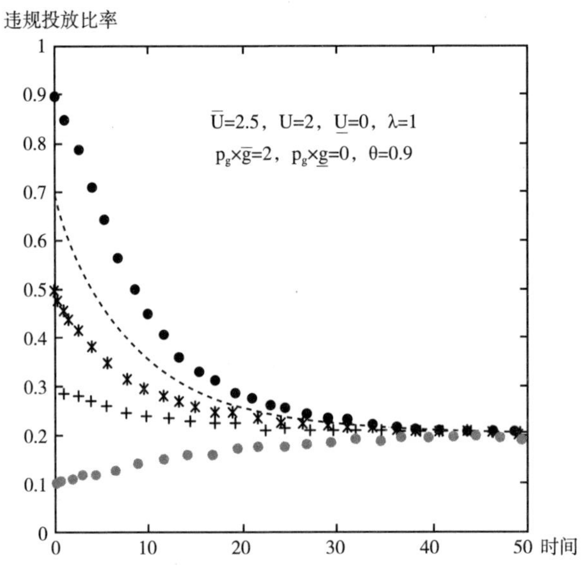


**图 7－5　开放式社区道德约束下的稳态 3**

资料来源：笔者使用 Matlab 软件所得。

环境道德强化改变博弈稳态值，但需要相对长的时间才能达到稳态，图 7－3 至图 7－5 的三个邻里声誉约束下的稳态图，仿真时长皆取到 50，说明环境道德的建立与成效显现需要相对长的时间。居民环境道德的增强或邻里间社会联结的加强，会改变开放式社区的博弈稳态。具体来说，在没有封闭型社区所提供的有形约束的情况下，民众内心道德的强化会形成内在的自我约束，而邻里间紧密的联系和声誉激励的增强则会构成社区内的隐性约束。换句话说，在开放型社区中，民众的道德约束和邻里间的声誉激励这两种隐性的"力量"，能够达到与封闭式社区有形边界相似的约束效果。尽管我国各级政府及社会各界都在积极推行垃圾强制分类，并通过公共媒体、社区公告栏等多渠道形成了多维度的宣传引导体系，但强化垃圾分类的认知教育和提升民众的环境道德，仍然难以在短期内迅速形成全社会对垃圾分类投放的普遍"道德约束"。因此，后文将讨论经济激励与声誉激励共同作用将怎样改变稳态结果。

若实施"抽检—罚款"的经济激励，开放型社区的规制成本比封闭型社区高。假设加大对违规投放的巡查，违规投放有一定的几率被问责惩罚。在道德约束的背景下，再同时施加"抽检—罚款"，设 $\theta=0.2$，$t=0.05$，$f=4$，$\lambda=1$，其演化仿真结果如图 7－6 所示。

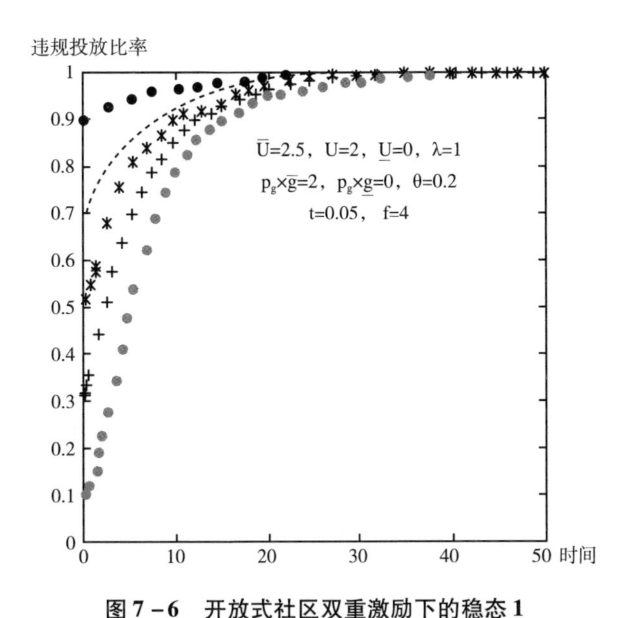


**图 7－6　开放式社区双重激励下的稳态 1**

资料来源：笔者使用 Matlab 软件所得。

在硬性的抽检—罚款和柔性的道德约束双重作用下，在时长为 50 的仿真系统中，开放型社区稳态值约为 1（见图 7－6）。可见，在经济激励与声誉激励的双重作用下，当经济激励适当（违规投放有 5% 的几率被问责惩罚，罚金为垃圾分类成本的 2 倍时），再加上相对松散的邻里之间的道德与声誉约束 $\theta=0.2$，在大约第 30 期会达到稳态，稳态时违规投放率为 1。这说明，虽然实施“经济＋声誉”的双重激励，当经济激励与声誉激励力度都比较小时，并不能改变开放型社区的稳态结果。

## 7.6　开放型社区隐性约束的强化

相较于封闭型社区，开放型社区之所以不能达到“完美投放”的稳态结果，是因为开放型社区对个体的约束力相对较弱。在封闭型社区里，违规投放垃圾的外溢成本较低，且违规者面临惩罚的可能性较大，构成了对封闭型社区居民的行为约束。因此，在开放型社区中，强化居民的隐性约束显得尤为重要。这种隐性约束能够对民众拒绝垃圾分类、违规投放行为形成有效阻碍，从而达到与封闭型社区相似的理想管理效果。具体来说，这种隐性约束包含两个方面：一是通过强化民众的环境道德，改变他们对垃圾分类和违规投放行为的认知；二是增强社区居民之间的联系，通过强化邻里间的声誉机制。

### 7.6.1 环境道德的强化

对于分布广泛且人口众多的开放型社区，全面监管往往因成本高昂而难以实现。在监管难以有效实施的情况下，加强环境教育和道德约束成为一个既可能又必要的选择。道德观念作为相对稳定的社会意识，其强化需要较长的时间。道德约束的力量源自外在的舆论监督和内在的自我约束。可以采取以下措施来强化道德约束：（1）政府引导。政府具有天然的公信力，其导向在社会范围内具有示范效应；同时，在道德建立过程中，利益驱动至关重要，政府可以通过政策影响和利益引导来推动新道德观念的形成。（2）舆论宣传。道德的建立是一个潜移默化的过程，而舆论宣传可以构建一个多维度的社会教育环境。在移动互联网时代背景下，信息传播途径更加多元，传递成本低于传统模式，因此加强舆论宣传既必要又便捷。（3）校园教育。道德观念一旦形成便相对稳定，且可以实现代际传承。因此，在可塑性最强的幼年、青少年阶段，加强校园道德教育可以事半功倍。（4）市民环境教育。由于过去我国垃圾分类的环境教育相对薄弱，许多居民对自身行为与社会后果之间未建立直观、直接的因果认知，导致内在环境意识较弱。因此，培育环境危机意识，使居民认识到个体行为可能引发的严重社会后果，对于提升居民的环保自律性至关重要。

### 7.6.2 互联网条件下声誉激励的加强

在互联网高度发达的现在，当开放型社区有形的“社区物理界”缺乏时，居民可以通过微信等建立起社区业主微信群、楼栋微信群，构建边界清晰的互联网社区。互联网社区的形成有助于声誉激励机制的强化。析其原因：（1）互联网社区能强化开放式社区居民的“共同体”意识，如“我们是一个集体，有集体的利益，有共同的家园”等，容易形成共同守护集体的积极心态，培育正向行为。（2）互联网社区强化邻里交往与联结，有助于抑制短期行为、促进合作。中国有句俗语“生得亲不如住得近”，而日常中邻里各自忙于工作，鲜少见面与交流。互联网社区有助于邻里之间信息共享、互帮互助。如疫情期间邻里之间的沟通与互助信息都是借助互联网社区。因此，互联网社区的构建有助于开放型社区邻里之间从“陌生人关系”转为“熟人关系”。从博弈论来说，陌生人关系容易导致“一次博弈”的错觉，而衍生短期行为、机会主义；而“熟人关系”是多次博弈，甚至重复博弈，进而会促进合作。（3）互联网社区能便捷地分享信息，社区居民能几乎零成本、零时差地获知社区的公共信息。这种公共信息的共享，有助于以信息共享来体现公共利益的导向。例如很多小区，在业主微信群及时分享各楼栋垃圾分类情况，既对积极者构成声誉的正激励，也形成对消极逃避者声誉的负激励。因此，互联网条件下，开放式社区的互联网社区的运行能够相当部分地强化声誉激励。

### 7.6.3　隐性约束强化的仿真

若在图7－6的经济激励的基础上，在开放式社区参照系 $t=0.05$，$f=4$，$\lambda=1$ 的条件下，进一步强化道德和声誉激励，即提高 $\theta$ 值。在前文图7－6中，$\theta$ 值为0.2。当 $\theta$ 值提高到0.4、0.6，分别得到图7－7、图7－8。

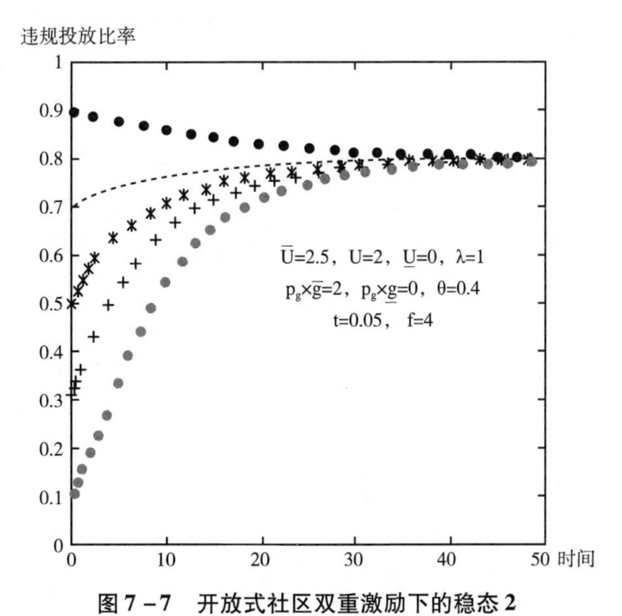


**图7－7　开放式社区双重激励下的稳态2**

资料来源：笔者使用Matlab软件所得。

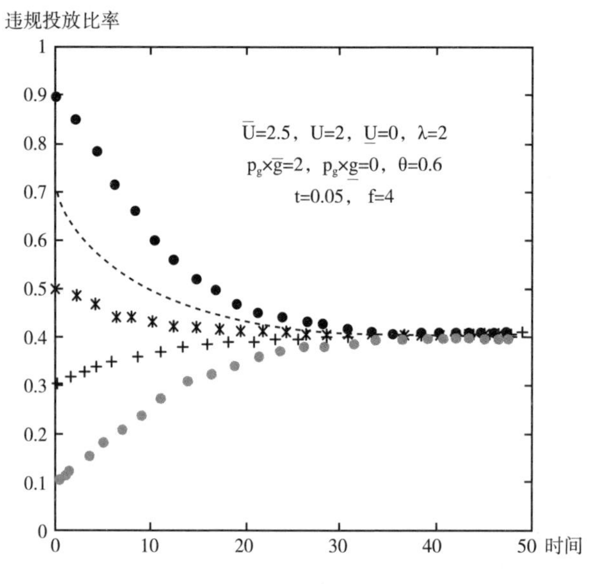


**图 7 -8　开放式社区双重激励下的稳态 3**

资料来源：笔者使用 Matlab 软件所得。

图 7 -5、图 7 -6 与图 7 -7 三个仿真分析图，呈现了在其他条件不变时开放型社区下，当隐性约束强化时，即 $\theta$ 值分别赋值 0.2、0.4、0.6 时，在经济激励与声誉激励双重作用下稳态值从 1，到 0.8，再到 0.4 的三个状态。说明在接近我国现有开放型社区现实的模拟状态下，逐步强化环境道德教育、建立互联网社区、强化邻里之间垃圾分类与投放的声誉激励机制，能改变开放式社区的稳态值。虽然这个时间到约 35 期才达到，但整体来看呈现了一种“道阻且长”但“行则可至”的积极前景。现实中环境道德效果显现常随着时间而递增，因此实际效果可能比这个仿真结果更乐观。

## 7.7　数字社区模式下垃圾分类的规制效应

### 7.7.1　数字技术改变垃圾分类

随着数字技术广泛而深入的应用，人类的交互活动突破了现实世界在时间、空间维度的约束，数字空间成了人类活动在实体空间之外的延伸与拓展，二者共同构成人类生存的空间。在万物互联的数字时代，物联网、移动互联网、人工智能与大数据等设施与技术，也改变社区组织及其运行。借助数字技术与设施，社区内各组织要素之间，如基层党组织、社区居委会、业主委员会、居民与物业公司、志愿者组织等，构建起数实交互的平台。居民社区生活的相关信息，通过数据生成与汇聚、及时发布和信息资源的整合共享，实现数字空间与实体空间的融合，形成数字社区（江小涓和靳景，2022）。

虽然目前数字社区严格意义上尚未完全形成，但数字技术已广泛地应用于居民垃圾分类的现实场景。从我国城市生活垃圾分类管理的实践来看，数字化应用大体可归纳为三方面：（1）监管数字化。利用数字技术的强渗透性，实现监管数字化。社区推动垃圾强制分类，在垃圾投放时间段内每个垃圾投放点派驻 1 ~2 名物业公司人员或社区志愿者进行值班，督促引导居民实施分类投放，这种“站桶”值守的方式是一种常规做法。这种监管方式正逐渐被数字化，通过监控设备进行线上“站桶”，如“云站桶”“云智分”的监管方式，可以大幅度地实现降本增效。（2）信息传播人际互动数字化。数字技术全面重构了信息传播与人际沟通，催生了虚拟社区，使得人际沟通突破同一时间与空间的限制，因此增强了社区与家庭、家庭与家庭之间的互动。例如，社区对居民垃圾分类投放情况设立“红黑榜”，但相关信息传播有限。社区通过建立微信公众号发布信息，楼栋邻居建立微信群，以公众号、微信群为平台进行反馈与表彰，增强传播效果，促进垃圾分类效果。（3）基于大数据生成“智能”账户，将负外部性内部化。飞跃式增长的数据生产能力与采集能力，为垃圾分类家庭数据的采集与存储提供了可能与便捷，大数据的收集与基于此的深度分析，创新性地为家庭在垃圾生产与投放时建立“智能”账户。在杭州、上海市部分小区的“智能”账户，能对垃圾产生、垃圾投放数据进行分析，并给予相应激励。同时也能有效追溯垃圾违规投放，将其负外部性准确地内部化，进而促进有效分类。

### 7.7.2　数字技术改变社会网络

基于数据与算法的数字技术将深刻地改变社区内的信息传播与人际交流，使社区行为所依附的社会网络会发生重构，并因此改变居民对社区公共事务的参与。数字技术对生活垃圾分类的影响也将是全方位的，包括但不限于下述方面。

首先，数字技术赋能社区治理，改变邻里间的互动模式，增加居民对社区的“黏性”，促进社区融合（沈永东和赖艺轩，2023），有助于提高居民垃圾分类的参与度。在开放型社区里，居民流动性强，邻里之间互动少，情感联结弱；社区缺乏物理边界，居民实施违规投放时，被抽检—罚款的概率低于封闭型社区。开放型社区，包括社会互动、情感联结和邻里认知等内容的邻里互动也相对少，从而导致居民对社区的情感淡漠。借助数据技术，原来科层式的治理模式被数字化与平台化（如借助微信群、公众号平台）模式取代，进而增强居民对社区活动的参与度，影响社区融合度。强化社区在数字空间的建设，能对实体空间构成有效的补充。对实体空间约束力弱的开放型社区来说，这点尤其明显。

其次，数字技术改变了人们相互连接的方式，消减了时空对人际互动交流的限制。在开放型社区，由于居民流动性强，社区建筑分布松散，邻里之间的现实交集少，社区内公共信息的传播渠道和范围也是有限的。在这种条件下，邻里之间声誉机制较弱。当数字技术引入垃圾分类管理，社区居民相互间联系加强，包括垃圾分类、违规投放等信用行为可进行及时通报与反馈；信息传递广泛且成本很低，声誉机制加强。家庭作为社区的基本单位，在社区中的声誉对于个人和整个家庭都至关重要，家庭在社区的声誉可以影响到他们在社区中的社交网络、邻里间的声望、社交待遇等。严格实施垃圾分类与投放，保持社区洁净的做法，代表社区的公共利益。数字技术赋能的社区，通过声誉机制加强，能促进垃圾分类与投放这一合作性行为。

最后，数字技术将改变社区对公共事务的治理模式。传统的科层体制的管理链条是，地方政府—街道办—居委会—居民，相关政策要求、检查督促等沿着这一链条传递与展开。数字网络的强覆盖性、数据传递的敏捷性，使得民众能广泛参与并及时反馈，降低了参与的成本，提升参与效率。随着数字技术在社区治理的应用，社区传统的科层体制管理模式将被共建共享共治模式取代。

### 7.7.3 数字社区条件下规制效果的仿真

显然，对于数字技术赋能的社区，“交流平台化”降低了邻里沟通的现实阻隔，增强了邻居间的连接，促进了社区的融合，居民在社区公共事务上更具有合作性。数字社区条件下，邻里之间的声誉机制亦增强，故设道德约束值 $\theta=0.2$。监管数据化可技术性大幅降低垃圾分类的规制成本，抽检可常态化实施，且对违规投放的查获率可大幅提高。若在开放型社区参照状态下，违规投放的罚款额度保持不变，即 $f=3$。数字赋能后加大抽检的频度，提高抽检的比率。对于封闭型社区，设 $t=0.5$；开放型社区，考虑其实体边界缺乏、居民流动性大等因素，设 $t=0.4$，则可得两个社区的垃圾分类投放的稳态，数字赋能条件下的封闭型社区、开放型社区的稳态仿真图分别为图7－9、图7－10。图7－9显示，封闭型社区在数字赋能条件下，在时间轴的第2～第3期达到稳态值0，显著地降低了达到稳态的时间。图7－10显示，数字赋能垃圾分类在开放型社区大约需10期达到稳态值0。这一仿真结果展示了在数字社区条件下，开放型社区能在“不远的未来”达到零违规投放的有序有效分类状态。

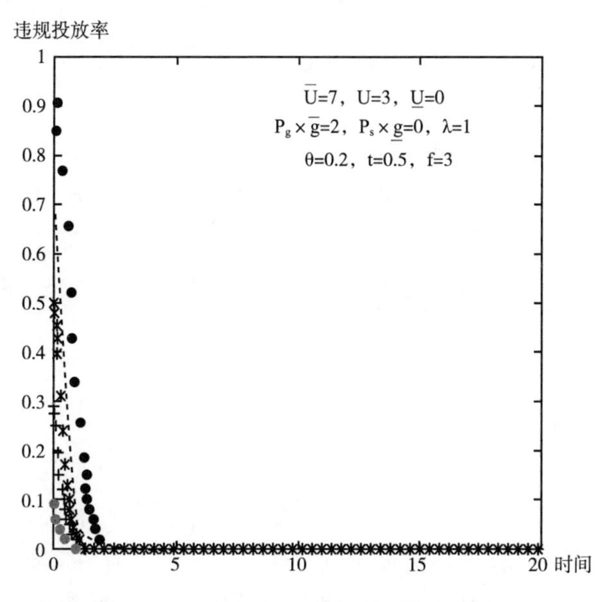


**图7－9　数字赋能下封闭型社区的稳态**

资料来源：笔者使用Matlab软件所得。

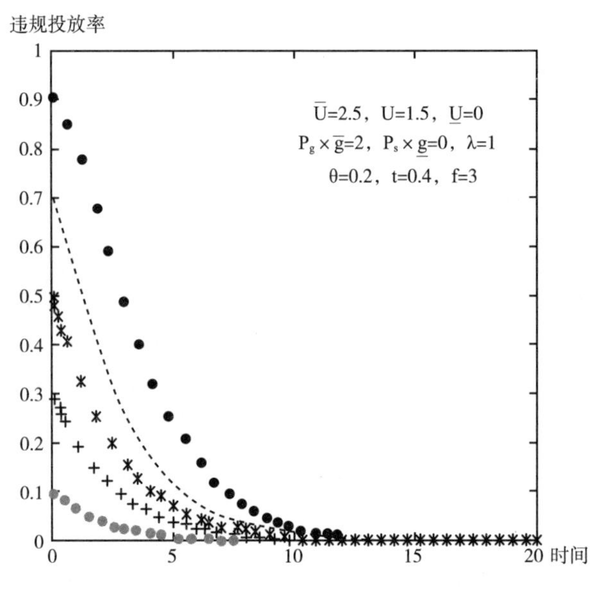


**图 7－10　数字赋能下开放型社区的稳态**

资料来源：笔者使用 Matlab 软件所得。

数字社区对违规投放的查获能力，是基于社区数据生成能力、数据流通能力、数据分析能力。笔者在调研时发现，杭州、广州、上海等不少社区垃圾投放点都有智能监控，城市社区也处于“天网”系统覆盖下。因此，在既有数据设施与处理能力基础上，提高 t 值的边际成本非常小。因此，设定 t＝0.4 或 t＝0.5，t 值的设定不是基于技术限制或成本考虑，而是取决于社区所在街道、居委会等对垃圾分类投放的管理预期。因此，t 值若取值高于 0.4，达到稳态的时长将小于图 7－10 的 10 期。这反映了数字社区条件下，在开放型社区垃圾分类这一难题也能“较快”地获得理想的解决，以较低成本地实现绿色低废的结果。

### 7.7.4　拓展分析

我国各省（区、市）在既有环卫设施、数字技术应用水平、财政投入能力、生活垃圾构成、民众对垃圾投放的认知等方面都存在差异，在同一城市中不同的社区，又存在社区类型、居民流动性、社区融合度等方面的差异，因此，垃圾分类的社区场景可谓不一而足。本书演化博弈与仿真在设定两个社区类型基础上，还设定了垃圾分类的难度、居民的收入水平、对洁净环境的赋值、道德水平以及监管力度、数字化程度等因素对垃圾分类稳态的影响。各种因素设定下的稳态结果，一方面对应了我国垃圾分类政策在全国各地、各社区的多种横向形态；另一方面，从发展的视角来看，也展示了垃圾分类政策在我国实施的纵向阶段。因为，随着经济社会的进一步发展，环卫设施建设的投入、民众收入水平、数字化社区建设投入、民众的意识都会逐步提升。

## 7.8　本章小结

通过本章的理论分析、理论推导、博弈仿真，开放型社区实施强规制，若不考虑外在监管与内在道德因素，将居民作为理性经济人，仅对其基于经济决策分析，生活垃圾违规投放将演化成普遍的选择。事实上居民是社会人，他有内在的道德自律，也会受社会网络的声誉激励的影响。结合城市房价与收入比值来看，定居一个社区通常能成为短则十年、长则几十年的“邻居”。因此，邻里之间是一种相对长期的社区网络，虽然在快速城镇化的背景下，大城市社区的居民原先互为“陌生人”。在互联网社区的背景下，开放式社区从“陌生人关系”可转变为“熟人型关系”，会消除短期行为，促进合作。仿真结果显示，当包括道德约束与声誉激励在内的隐性约束增强到一定程度，在相当长的演化时间内社区内的垃圾投放逐步可控；隐性约束持续增强，稳态条件下违规投放概率越低。而如果在内在强化道德、外在强化规制，即抽检—罚款与道德约束共同作用时，开放式社区的垃圾分类能达到低违规投放率的理想状态。

在上述理论研究基础上，可获得三点政策启示：（1）加强环境教育投入，强化环境道德，坚定推行垃圾分类，坚信久久为功。道德是在市场与政府之外的第三种力量，尤其当市场与政府力量在垃圾处理规制的监督力有不逮的范围，培育公民的环境意识，提高道德自律水平有助于社会范围内垃圾违规投放的减少。环境教育与强化道德，对垃圾分类的促进作用，将随着时间而递增。（2）着重在社区建设中增强邻里的联系，增进邻里之间情感交流，增强居民的社区自治意识与管理能力，强化居民的信息共享。以此构建自治能力更强的社区，让居民不再是规制对象，而是活动的参与者、设计者等。通过此途径，逐步在包括垃圾分类等社区活动中建立起社区治理共同体。在此基础上，推进开放型社区的垃圾分类，如以楼栋为单元来考察垃圾分类效果，可增强居民垃圾分类的道德约束，进而提升垃圾分类效果。（3）中国经济社会的高速发展与数字时代的高度重合，中国式现代化呈现出数智化特征。数字时代的信息通信技术革命性地改变了人际连接、互动交流的方式，带来了根本性的社会变迁。这是垃圾分类政策推行的环境，数智化时代的垃圾分类变化已然开始。笔者调研发现，目前社区在垃圾分类过程中，以“站桶”方式来引导、督促垃圾分类。在上海、广州的不少社区采用“云站桶”“云智分”，利用线上守桶，大幅提高垃圾分类督导效率，降低引导与监管的人工成本。有社区对垃圾分类投放情况设立“红黑”榜，并以楼栋微信群为平台进行激励，取得良好效果。因此，目前的垃圾分类强规制应相机决定，封闭型社区可实施强规制；综合封闭程度、社区成员构成、技术与人力成本等因素，选择合适的监管方式与监管力度。利用大数据，对有违规投放记录的居民，加大检查频度，可构成有效指引与投放行为针对性纠正。

# 第 8 章 强规制条件下垃圾分类行为的影响因素研究

第 5 章分析了强规制政策背景下经济激励的垃圾减量效应，比较了按量计费与回收补贴两种模式的成本与减量效果，这是从“经济人”的角度来分析家庭的垃圾分类行为；第 6 章、第 7 章分别讨论了社区视角下家庭作为一个“社会人”，在设定收益矩阵的基础上和邻居“重复博弈”，进而得到的社区内违规投放情况的稳态结果，分析了在社区环境下经济激励、声誉机制对居民垃圾分类行为、社区垃圾分类稳态结果的影响。第 5 章至第 7 章对家庭作为“经济人”和“社会人”在强规制背景下的行为选择作了理论分析。在此基础上，本章开始转向实证研究，即探讨垃圾分类在实施过程中，个体行为实施时受哪些因素影响，在垃圾分类实施时如何实现多方协同。本章以广州市高校学生为调查对象，在设计问卷、获取调查数据、对数据进行实证分析的基础上，探讨当实施强规制时研究主体的垃圾分类行为受哪些因素的影响，其影响路径、影响强度分别如何，为后续第 9 章的激励机制构建提供经验实据。

## 8.1 垃圾分类行为的推行

### 8.1.1 垃圾分类的“知易行难”

在人口快速集聚与资源约束的双重压力下，我国在 2013 年就有约 1/3 的城市身陷“垃圾围城”的困境。[①] 自 2010 年来，我国部分城市试行过按量计费、回收补贴等规制手段，2021 年 7 月 1 日上海实施生活垃圾强制分类，但总体来看收效并不理想。规制条件下居民垃圾分类的微观行为，在宏观上体现为一个城市的垃圾分类效果。家庭广泛并持续参与垃圾分类，是决定垃圾回收政策成败的关键。但垃圾分类的“知易行难”较为常见，马来西亚的一个样本城市有 88% 的人“知道”垃圾分类，而实施者不足 30%（Akil et al.，2015）。针对我国民众的环境行为研究，也得到相近观点，“环境行为明显滞后于环境关心和环境意识，表现出‘知难行更难’”（王晓楠，2019）。这种“知”“行”的错位，激起研究者对“行为”影响机制更强的探索欲。

### 8.1.2 广州高校推进垃圾分类

在我国主要城市出台地方性的垃圾分类法规背景下，各地对城市生活垃圾的规制工具、规制力度、规制实施的时间不尽相同，分类效果有差异。如广州是最早颁布垃圾分类地方性法规的城市之一，对生活垃圾实施行政上“要求分类”、经济上对回收终端采取补贴的组合规制方式，[②] 这是区别于上海市“强制分类”的规制方式。[③] 广州市自“要求分类”实施以来，通过公益广告、社区活动等加大宣传与教育力度，提供了强力的宣传教育环境。在广州市高校通过易班平台来实现投放垃圾获得积分，在“绿岛易班”把积分兑换成生活用品、学习用品、易班咖啡卡座消费时长等。同时，对于未能垃圾分类或分类不准确的情况，可以通过垃圾桶前的摄像头、校园卡实施追踪，并给予表彰、奖励德育分、积分等方式来实现“奖惩”。在此规制背景下，广州垃圾分类的影响因素、影响路径与强度需要研究与验证。

---

① 我国超 1/3 城市遭垃圾围城 侵占土地 75 万亩［EB/OL］. 中国青年报，https：//china. huanqiu. com/article/9CaKrnJBpcA，2013 - 07 - 19.

② 2015 年 5 月通过并于该年 9 月 1 日施行《广州市生活垃圾分类管理规定》，对生活垃圾分类以地方性法规的方式给予规制，其主体为企业与管理运输各环节负责人，对家庭与居民的垃圾分类为弱规制，体现为“要求”的建议与倡导。并“通过政府采购方式向企业购买低值可回收物回收处理服务”，实施“回收补贴”。

③ 2019 年 7 月 1 日《上海市生活垃圾管理条例》正式实施，上海成为全国首个对家庭实施强制垃圾分类的城市。

### 8.1.3　本章的研究设计

在2022年1~3月，本书项目组开启了问卷调查。对广州市区高校大学生进行随机抽样方式，以问卷星为平台，面对面进行问卷调研，通过项目组成员事前解说、当场指引、现场填写的方式来保证被调研对象的重视、专注。这种利用平台、线下填写的方式相当程度保证了此次调研数据的质量。利用问卷星平台，也较好地利用平台的系列功能。本次针对广州高校学生垃圾分类行为的问卷调查，共获得1155份有效问卷。对有效问卷的数据提取后，以计划行为理论为研究的理论框架，以结构方程模型为研究方法，构建包括行为态度、主观规范、感知行为控制这三个潜变量的模型，利用AMOS软件来分析高校垃圾分类教育、城市垃圾处理规制背景下，影响高校学生垃圾分类意愿及行为的主要因素、影响路径，并根据研究结论为现阶段提高垃圾分类效率提出针对性政策建议。

## 8.2　TPB理论与问卷设计

人既是社会人也是经济人，在分析规制下家庭垃圾分类的决策时，经济学分析视角下家庭是理性经济人，会基于垃圾分类成本—收益分析来作决策（刘曼琴和谢丽娟，2016）。而社会经济学中的人际互动、群体和社会制度、社会网络、文化背景等为经济现象的研究提供了解释的新视角（斯梅尔瑟和斯威德伯格，2014）。在垃圾分类规制效果的研究中，家庭这一垃圾分类的行为主体，同时作为社会人，在垃圾分类的行为决策中还会受到社会网络、环境意识、生活习惯、文化背景等多重因素的影响。

### 8.2.1　TPB理论

人们对某事项的期望和价值观，影响其行为态度、主观规范和感知行为控制，进而导致其行为意愿和行为的实际发生（Downs & Hausenblas,

2005）。计划行为理论认为行为态度、主观规范和感知行为控制共同影响着行为意向，行为意向影响行为的发生（见图 8－1）。

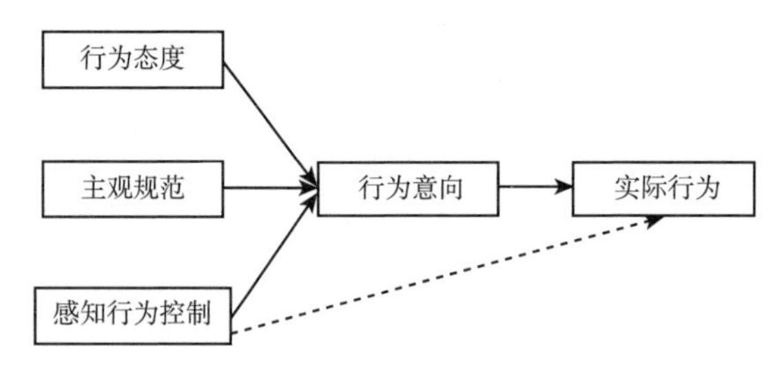


**图 8－1　计划行为理论结构模型**

资料来源：笔者绘制。

行为态度（attitude）是指个人对某项环境行为所持有的稳定心理倾向。例如，“垃圾分类是否必要”，这种心理倾向通常是基于个人内在因素，如基于他的早期教育、个人认知等。主观规范（subjective norm）是指，个人在是否采取某项行为时所感受到的环境压力。环境压力包括源自行为人的“重要关系人”的软压力和源于法规、道德产生的环境硬压力。重要关系人，包括家人、同事、同学等，他们的相关行为对行为人形成一种激励。如家人、同学等对垃圾分类的态度是积极的、严谨的，这些态度会激励、促使行为人积极、严谨地对待垃圾处理。反之，亦然。若在某个国家、某个城市，居民已形成良好的垃圾分类习惯，或者对垃圾分类有明确的行为引导，甚至有强制分类的行政规定等，行为人进入该“环境”后会感受到较强的主观规范。感知行为控制（perceived behavioral control）是反映个人根据过去的经验、行为实施的预期等，而对自己由态度到行动的“控制”评价。当个人对下一步的行为评价经验越充足、自己所掌握的资源与机会越多、所预期的阻碍越少，则对行为的感知行为控制就越强。如人们对垃圾分类的自身知识与熟悉度越自信、垃圾分类设施越完善、垃圾分类实施越便捷，都越会增强个人进行垃圾分类的意愿。反之，若个人缺乏垃圾分类的知识，且认为垃圾分类操作要求繁杂、垃圾分类过程令他难以接受等，则该行为人在垃圾分类的“感知行为控制”偏弱，“态度”难以转变为“行为”。从行为经济学视角来看，行为态度可理解为行为人基于自身原因而对该行为的内在动力，主观规范可理解为环境给予的外在推力，感知行为控制则是基于多因素的、影响“态度”转为“行为”的系统性阻力。

### 8.2.2　以大学生为研究主体

垃圾分类的环境行为受到如收入水平、受教育程度、年龄、环境意识等多种因素的影响，而环境行为研究又常常针对某个特定主体类型，如“城市居民”“农村居民”等。相关文献研究发现，针对大学生的环境行为研究的频次，仅次于“城市居民”（王晓楠，2019）。本章以大学生为研究主体，是基于以下因素的考虑：第一，大学生垃圾分类时间成本相对较低。大多数大学生处于全职学习状态，无工资收入，投入垃圾分类时间的经济成本理论上为零，故样本之间的时间经济成本可视为无差别。第二，广州高校自 2019 年来通过校园易班等平台与管理引导学生参与垃圾分类，并实行相应的积分兑换等奖惩制度。受访学生受到环境友好型教育，其强度要大于普通居民。第三，垃圾分类行为是一个私域的环境行为，与家庭的垃圾分类行为不同，大学生以宿舍为单元生活或者以班级为单位学习，进行群体生活与学习。他们的垃圾分类行为，不仅会受到自身家庭教育的内在影响，也会受到同住室友、同班同学的外在氛围影响。第四，大学生是青年群体，且文化教育程度相对较高，对垃圾分类信息与知识的获取、垃圾分类行为的实施，都处在一个相对平均的状态，也可以默认他们无差别。若在问卷中体现差别，一定程度上反映的是大学生个体对垃圾分类行为内在的差别。

### 8.2.3　问卷设计

问卷是参照已有研究（Yazdanpanah et al.，2015）的结果设计的，通过对广州市高校的大学生进行问卷调查，收集在当地背景下其对垃圾分类的相关问卷信息。问卷由两部分组成，第一部分是受访者的基本人口特征；第二部分用 Likert 五级量表测量 TPB 的成分，即对垃圾分类的行为态度、主观规范、感知行为控制、行为等设置问题，这些问题赋分从 1 分到 5 分，分别对应完全不同意、比较不同意、一般、比较同意、非常同意。

垃圾分类的行为态度，问卷中设计了以下四个问题，被调查对象根据自己的情况打分：（1）我认为有必要进行垃圾分类。（2）我认为垃圾分类可以提高循环再造率。(3) 我认为我的垃圾分类行为将对社会有所贡献。(4) 如果今后实施垃圾分类按量计费，我会非常支持。垃圾分类的主观规范，问卷中设计了以下四个问题：(5) 室友对垃圾分类的态度行为会影响我对垃圾分类的态度行为。(6) 我会因为家里人参与垃圾分类而分类。(7) 我所在的学校有实施垃圾分类的倡导。(8) 我所在的学校有关于垃圾分类明确的奖惩制度。垃圾分类的感知行为控制，它关系到个人是否有信心执行该行为。对于感知行为控制这个维度，问卷中提出了以下三个问题：(9) 我对垃圾分类知识非常了解。(10) 实施垃圾分类行为，对于我而言，是一件简单的事情。(11) 我可以承受垃圾分类带来的经济或时间成本。设置 (12) "实际上，我在学校一直有进行垃圾分类的行为" 作为垃圾分类 "行为" 的观测问题。

## 8.3 研究设计与结构方程

针对1155份有效样本，本书采用结构方程模型 (structural equation modeling, SEM) 这一理论模型检验的统计方法进行分析。在调查问卷基础上，在人口特征之外设计了12个问题，可相应地获得12组观测数值，即构成观测变量数值。行为态度、主观规范与感知行为控制，即为三个潜变量。

### 8.3.1 SEM 的选择分析

SEM 分析与本书目的有其契合性：(1) SEM 分析具有理论先验性。基于既有的 TPB 理论，可建立对应的因果模型，即行为态度、主观规范和感知行为控制影响垃圾分类行为的模型。(2) SEM 分析整合了因素分析和路径分析，可确认问卷数据所反映的观测变量与潜变量（行为态度、主观规范与感知行为控制）间的关系以及三个潜变量对垃圾分类行为意愿的影响。(3) 本书涉及1155份的有效样本，SEM 分析适用于大样本的统计分析。因此，本书采用 SEM 分析方法，一是测量模型，描述观测变量与潜变量的关系；二是测量潜变量之间的关系。

## 8.3.2　模型构建

可观测变量对应的含义如表 8 -1 所示。行为态度、主观规范与感知行为控制，都是不可被观测的潜变量，本书采用结构方程模型进行分析。在问卷设计与数据分析时拟以 11 个观测变量来拟合三个潜变量，以第 12 个观测变量来拟合垃圾分类行为。

**表 8 -1　　主要变量选取及说明**

| 行为 | 潜变量 | 可观测变量 |
|---|---|---|
| 垃圾分类的行为（IB） | 行为态度（AB） | 我认为有必要进行垃圾分类（$AB_1$） |
| | | 我认为垃圾分类可以提高循环再造率（$AB_2$） |
| | | 我认为我的垃圾分类行为将对社会有所贡献（$AB_3$） |
| | | 如果今后实施垃圾分类按量计费，我会非常支持（$AB_4$） |
| | 主观规范（SN） | 室友对垃圾分类的态度行为会影响我对垃圾分类的态度行为（$SN_1$） |
| | | 我会因为家里人参与垃圾分类而分类（$SN_2$） |
| | | 我所在的学校有实施垃圾分类的倡导（$SN_3$） |
| | | 我所在的学校有关于垃圾分类明确的奖惩制度（$SN_4$） |
| | 感知行为控制（PBC） | 我对垃圾分类知识非常了解（$PBC_1$） |
| | | 实施垃圾分类行为，对于我而言，是一件简单的事情（$PBC_2$） |
| | | 我可以承受垃圾分类带来的经济或时间成本（$PBC_3$） |

资料来源：笔者整理而得。

囿于本书的数据来源于问卷调查，故以“实际上，我在学校一直有进行垃圾分类的行为”来表征“垃圾分类行为”。本书在问卷设计与实证检验部分未对垃圾分类的“意向”与“行为”进行区分，因为被调查对象对第 12 个观测变量的回答，一定程度上可能是被调查者往常行为的真实反映，也有可能是被调查者“垃圾分类行为意向”的表示。这种不作区分的处理，是难以观测真实“分类行为”条件下的一种合理模糊，也是参照 TPB 理论应用研究（李志和余雅洁，2022；钟云华和王骄华，2022）的处理方法。

在 SEM 模型中的设定，可表示为图 8 -2。

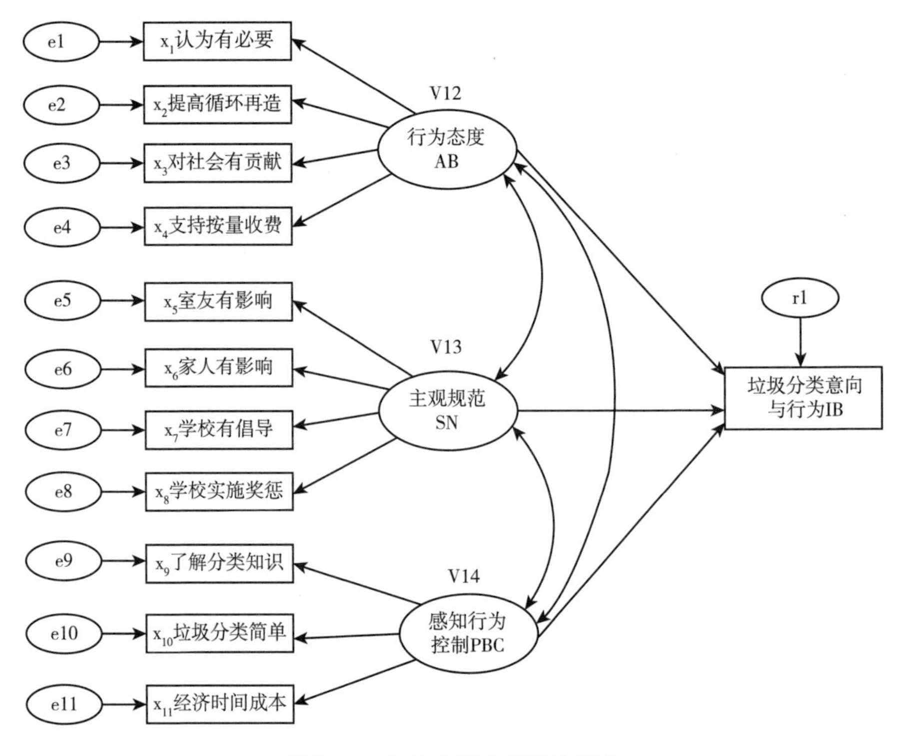


**图 8-2 结构方程分析结构设定**

资料来源：笔者绘制。

### 8.3.3 统计方法

在导出数据、整理数据后，采用 Excel 表格完成数据录入，使用 SPSS 26.0 完成描述性统计分析；使用 AMOS 26.0 完成结构方程模型分析，包括回归系数、因素负荷量、模型适配度等值；由于 AMOS 26.0 不能自动给出组合信度和收敛效度、区别效度，笔者手动计算完成。

## 8.4 实证结果与分析

本节的实证结果为六部分，（1）描述性统计分析；（2）验证性因素分析，它是进行整合性 SEM 分析的一个前置步骤或基础架构（吴明隆，

2009）；（3）适配度分析，理论模型与实证数据是否契合，关系到实证结果的路径影响的数据是否可靠；（4）效度分析，用以检验三个潜变量的区分度；（5）结构路径分析，检验潜变量对行为的影响，分析路径效果及其相互之间的影响；（6）分组分析，用以验证模型与结果的稳定性。

### 8.4.1　描述性统计分析

2022 年 1 至 3 月，本书项目组以广州市高校学生为调查对象，采取线上线下相结合的方式进行问卷调查，共发出问卷 1233 份，收回有效问卷 1155 份。对于研究样本的社会人口学统计量进行分析，结果如表 8 – 2 所示。包括性别、学习阶段、生源类别与家庭孩子数量，已有研究都探讨过这些因素对亲环境行为的影响。

**表 8 – 2　　人口学变量频率分析**

| 变量 | 选项 | 频率 | 百分比（%） | 平均值 | 标准差 |
|---|---|---|---|---|---|
| 性别 | 男（1） | 530 | 45.9 | 1.54 | 0.50 |
| | 女（2） | 625 | 54.1 | | |
| 学习阶段 | 大一、大二（1） | 377 | 32.6 | 1.85 | 0.70 |
| | 大三、大四（2） | 572 | 49.5 | | |
| | 研究生（3） | 206 | 17.8 | | |
| 生源类别 | 农村（1） | 532 | 46.1 | 1.54 | 0.50 |
| | 城市（2） | 623 | 53.9 | | |
| 你父母的子女数量 | 独生子女（1） | 304 | 26.3 | 2.43 | 1.10 |
| | 两个（2） | 299 | 25.9 | | |
| | 三个（3） | 303 | 26.2 | | |
| | 四个及以上（4） | 249 | 21.6 | | |

注：平均值是由选项后的括号数值加总平均而来。
资料来源：笔者整理计算而得。

### 8.4.2　验证性因素分析

根据模型设定图，在 AMOS 软件上进行数据分析。发现“支持按量计费”与“我所在的学校有实施垃圾分类的倡导”因素负荷量过低且不显著，说明该观测变量不能较好地反映对应潜变量。再考虑到“行为态度”“主观规范”这两个维度各设了四个题目，故对“支持按量计费”与“学校有倡导”这两个题目作删除处理。因素负荷量估计量要达到统计显著水平（$p<0.05$），若标准化负荷量绝对值小于0.50，表示个别题项的质量不佳，质量不佳的题项应优先从模型中删除。故调整后的题目对应的维度、题目量与对应的含义如表8-3所示。

**表8-3　　调整后的模型及变量含义**

| 潜变量 | 构面 | 题目 | 对应观测问题 |
|---|---|---|---|
| 行为态度 | AB | $AB_1$ | 认为垃圾分类有必要 |
| | | $AB_2$ | 垃圾分类有助循环再造 |
| | | $AB_3$ | 个人垃圾分类行为有助于社会 |
| 主观规范 | SN | $SN_1$ | 室友影响我的垃圾分类行为 |
| | | $SN_2$ | 家人影响我的垃圾分类行为 |
| | | $SN_3$ | 学校对垃圾分类有奖惩 |
| 感知行为控制 | PBC | $PBC_1$ | 我了解垃圾分类知识 |
| | | $PBC_2$ | 垃圾分类于我是件简单的事 |
| | | $PBC_3$ | 垃圾分类的经济时间成本可承担 |

资料来源：笔者整理而得。

表8-4所示为删掉未通过显著检验的路径后，调整模型得到修正后模型的验证性因素分析结果。因素负荷量标准化路径系数代表共同因素对测量变量的影响，因素负荷量值可以反映测量变量对各潜在变量的相对重要性。本书指标为反映性指标，题目信度SMC表示潜在因素对测量指标的预测力。组合信度CR是检验潜在变量的信度指标。每个构面的组合信度都在0.60以上，组合信度指标良好，说明模型的内在质量理想。收敛效度AVE，测量相同潜在特质（构念）的测验指标会落在同一共同因素上，感知行为控制组的该值为0.407，收敛效度略低，但仍在本书研究的可接受范围（邱皓政，2009）。

**表 8 - 4　　　　　　　　　　　　验证性因素分析**

| 构面 | 题目 | 参数显著性估计 | | | | 因素负荷量 | 题目信度 SMC | 组合信度 CR | 收敛效度 AVE |
|---|---|---|---|---|---|---|---|---|---|
| | | 非标准化估计值 | 估计标准误 | t 值 | 显著性 | | | | |
| 行为态度（AB） | $AB_1$ | 1.000 | | | | 0.930 | 0.865 | 0.868 | 0.694 |
| | $AB_2$ | 1.000 | | | | 0.933 | 0.870 | | |
| | $AB_3$ | 0.347 | 0.015 | 23.394 | <0.001 *** | 0.589 | 0.347 | | |
| 主观规范（SN） | $SN_1$ | 1.000 | | | | 0.822 | 0.676 | 0.796 | 0.574 |
| | $SN_2$ | 0.419 | 0.023 | 18.327 | <0.001 *** | 0.537 | 0.288 | | |
| | $SN_3$ | 1.101 | 0.034 | 32.123 | <0.001 *** | 0.871 | 0.759 | | |
| 感知行为控制（PBC） | $PBC_1$ | 1.000 | | | | 0.712 | 0.507 | 0.670 | 0.407 |
| | $PBC_2$ | 0.684 | 0.039 | 17.752 | <0.001 *** | 0.521 | 0.271 | | |
| | $PBC_3$ | 0.905 | 0.038 | 24.126 | <0.001 *** | 0.666 | 0.444 | | |

注：*** 表示在 1% 的水平上显著。
资料来源：笔者根据计算结果绘制。

## 8.4.3　适配度分析

对于验证性因素分析的基本适配度，通常以“是否没有负的误差变异量”“因素负荷量是否介于0.5 至0.95”“是否没有很大的标准误”三项来验证（见表8 -5）。针对评价项目的要求，与相应的检验结果数据对应，可以得到模型适配度较好的结论。

**表 8 - 5　　　　　　　　验证性因素分析的基本适配度**

| 评价项目 | 检验结果数据 | 模型适配判断 |
|---|---|---|
| 是否没有负的误差变异量 | 都为正 | 是 |
| 因素负荷量是否介于 0.5 至 0.95 | 0.521 ~ 0.933 | 是 |
| 是否没有很大的标准误 | 0.015 ~ 0.039 | 是 |

资料来源：笔者根据计算结果绘制。

以 TPB 理论来分析垃圾分类行为的影响因素，所建构模型的适配性直接影响研究结论的可靠性。因此，需要作验证性因素分析（confirmatory factor analysis，CFA），来检验模型的适配度。验证性因素分析，通常从绝对适配指数、增值适配指数、简约适配指数三组指标进行综合检验分析。表 8－6 列举了上述三组共 10 个指标，对适配临界值、模型实际值进行对比，作出适配性判断。

**表 8－6　　　　验证性因素分析的整体模型适配度检验**

| 指标 | 绝对适配指数 | | | | | 增值适配度指数 | | | 简约适配度指数 | |
|---|---|---|---|---|---|---|---|---|---|---|
| | $\chi^2$ 及其 P 值 | $\chi^2/DF$ | GFI | AGFI | RMSEA | NFI | TLI ($n>500$) | CFI ($n>500$) | PGFI | PNFI |
| 临界值 | P>0.05 | 1～5 | >0.90 | >0.90 | <0.08 | >0.90 | >0.95 | >0.95 | >0.50 | >0.50 |
| 实际值 | 0.000 | 3.022 | 0.983 | 0.971 | 0.042 | 0.970 | 0.971 | 0.980 | 0.572 | 0.690 |
| 是否适配 | 否 | 是 | 是 | 是 | 是 | 是 | 是 | 是 | 是 | 是 |

资料来源：笔者根据计算结果绘制。

从适配度检验结果来看，除绝对适配度指标中的卡方值指标没有达到适配要求外，其余指标均达到适配要求。考虑到在大样本情况下，$\chi^2$ 值对样本量比较敏感，会随着样本量的增大而增大，而本书样本量为 1155，因此出现 $\chi^2$ 值较大且显著的结果在预期之中。由于 $\chi^2$ 检验统计量并非一个完全可靠的检测量，在样本量比较大的情况下，对卡方值指标的判断标准应放宽（吴明隆，2013）。从卡方/比自由度比值（$\chi^2/DF$）指标来看，该指标理想值是小于 2，小于 5 是可以接受的，本书中卡方自由度比值为 3.022，为可接受值范围。当样本量大时，整体模型适配度的判断不应只以上述两个指标作为判断标准，还应从绝对适配度指标、残差适配度指标、增值适配度指标和简约适配度指标等进行综合评估（吴明隆，2009）。从表 8－6 检验结果来看，除卡方值外的其他指标均达到临界值，说明模型整体适配度良好，也就是说假设的理论模型和实际数据的一致性程度较好。尤其是 RMSEA，该值小于 0.5 时，表示模型可以接受；该值小于 0.08 时，表示模型适配度良好。该值小于 0.05，表示模型适配度优良；在本书中，RMSEA 值为 0.042，显示其适配度“优良”。另外，当 $N>500$ 时，整体模型适配度可以接受的指标门槛值为 $TLI>0.95$ 且 CFI 值 $>0.95$（Britton & Conner，2007），这两个指标均满足。因此，综合以上各评价指标来看，该模型适配度较好。

### 8.4.4　区别效度检验

本书使用卡方差异检验法进行区别效度检验，若 $\Delta\chi^2$ 值显著，则说明构面间区分良好。本书的区别效度检验结果如表 8 - 7 所示，从结果来看，两两构面之间区别效度检验指标均显著，说明本书构面之间区分良好。

**表 8 - 7　　　区别效度（DV）分析指标（$\Delta\chi^2$）**

| 项目 | 主观规范 | 感知行为控制 |
|---|---|---|
| 行为态度 | 674.342 *** | 279.457 *** |
| 主观规范 | | 256.405 *** |

注：*** 表示在 1% 的水平上显著。
资料来源：笔者根据计算结果绘制。

### 8.4.5　模型结构路径系数

模型结构路径系数整理如表 8 - 8 所示。首先，行为态度对分类行为影响的路径系数统计量的 p 值大于 0.05，反映对广州高校大学生来说，垃圾分类的行为态度对分类行为影响并不显著。其次，大学生的主观规范和感知行为控制对行为的路径系数分别为 0.450、0.277，二者皆显著，但显著程度不同。最后，从系数大小来看，主观规范对大学生垃圾分类行为影响最大，感知行为控制次之，且主观规范和感知行为控制对行为均有正向积极的作用。

**表 8 - 8　　　模型结构路径系数**

| 构面 | 标准化估计值（S. E.） | 非标准化估计值（Estimate） | 标准误（S. E.） | t 值 | 显著性（P） |
|---|---|---|---|---|---|
| 行为态度→行为 | 0.012 | 0.035 | 0.140 | 0.246 | 0.805 |
| 主观规范→行为 | 0.450 | 0.345 | 0.093 | 3.710 | <0.001 *** |
| 感知行为控制→行为 | 0.277 | 0.343 | 0.169 | 2.025 | 0.043 * |

注：*** 表示在 1% 的水平上显著，* 表示在 10% 的水平上显著。
资料来源：笔者根据计算结果绘制。

### 8.4.6　分组回归及平稳性检验

本书除对所有样本进行分析外，还基于基本指标进行了分组回归，性别分组的验证性因素分析结果如表 8 - 9 所示。无论就性别变量分组回归、年级变量分组回归、来源地分组回归，还是对样本随机分组进行回归，结果和总体回归指标进行比较都是相近的，囿于篇幅书中未尽数呈现。表 8 - 9 的结果显示，分组后与未分组结果整体差异不大，说明假设的模型是稳定的；但在某些数值上又呈现因性别原因导致的差异。如题目 $AB_3$（观测量“垃圾分类对社会有贡献”）的因素负荷量，在男女生两组有较大的差异，男生组的该值小于女生值，说明该题项能更好地体现女生组的行为态度。限于篇幅，本书仅呈现结构路径系数的性别分析结果。

**表 8－9　　男女生分组的验证性因素分析**

| 构面 | 题目 | 男生组 | | | | | 女生组 | | | | |
|---|---|---|---|---|---|---|---|---|---|---|---|
| | | 参数显著性估计 | | | | 因素负荷量 | 参数显著性估计 | | | | 因素负荷量 |
| | | 非标准化估计值 | 估计标准误 | t值 | 显著性 | | 非标准化估计值 | 估计标准误 | t值 | 显著性 | |
| 行为态度（AB） | $AB_1$ | 1.000 | | | | 0.921 | 1.000 | | | | 0.943 |
| | $AB_2$ | 1.000 | | | | 0.941 | 1.000 | | | | 0.920 |
| | $AB_3$ | 0.311 | 0.023 | 13.788 | <0.001*** | 0.534 | 0.367 | 0.020 | 18.662 | <0.001*** | 0.621 |
| 主观规范（SN） | $SN_1$ | 1.000 | | | | 0.802 | 1.000 | | | | 0.840 |
| | $SN_2$ | 0.437 | 0.035 | 12.346 | <0.001*** | 0.544 | 0.405 | 0.030 | 13.531 | <0.001*** | 0.531 |
| | $SN_3$ | 1.112 | 0.055 | 20.382 | <0.001*** | 0.871 | 1.086 | 0.043 | 25.004 | <0.001*** | 0.870 |
| 感知行为控制（PBC） | $PBC_1$ | 1.000 | | | | 0.712 | 1.000 | | | | 0.712 |
| | $PBC_2$ | 0.668 | 0.056 | 11.864 | <0.001*** | 0.521 | 0.698 | 0.053 | 13.217 | <0.001*** | 0.520 |
| | $PBC_3$ | 0.981 | 0.060 | 16.420 | <0.001*** | 0.677 | 0.864 | 0.047 | 18.349 | <0.001*** | 0.674 |

注：*** 表示在1%的水平上显著。
资料来源：笔者根据计算结果绘制。

如表 8－10 所示，从结果来看，仅主观规范对行为的影响系数显著，且男生组的显著程度更高一些。

**表 8－10　　男女生分组的模型结构路径系数**

| 构面 | 男生组 | | | 女生组 | | |
|---|---|---|---|---|---|---|
| | 标准化估计值 | 非标准化估计值 | 显著性 | 标准化估计值 | 非标准化估计值 | 显著性 |
| 行为态度→行为 | －0.045 | －0.122 | 0.497 | 0.116 | 0.326 | 0.222 |
| 主观规范→行为 | 0.416 | 0.326 | 0.003** | 0.544 | 0.408 | 0.023* |
| 感知行为控制→行为 | 0.281 | 0.339 | 0.064 | 0.175 | 0.220 | 0.531 |

注：** 表示在5%的水平上显著，* 表示在10%的水平上显著。
资料来源：笔者根据计算结果绘制。

就系数大小而言，对于男生组来说，主观规范的路径系数小于女生组，说明对于男生来说主观规范对他们的行为影响略弱。这些可以从男生性格更偏向生活习惯的“不拘小节”获得解释。但感知行为控制这一维度，在整体分析中，路径系数是显著的。而从分组结果对比来看，感知行为控制对行为的影响，结果不显著，说明感知行为控制对行为的影响，没有呈现性别差异。

## 8.4.7　研究结果的路径图

经历上述信度与效度、适配度检验，以及通过分组分析，说明该理论模型与实证数据有较好的适配度，有效地反映了实证数据。修正后的垃圾分类行为的影响因素与路径如图 8 – 3 所示。

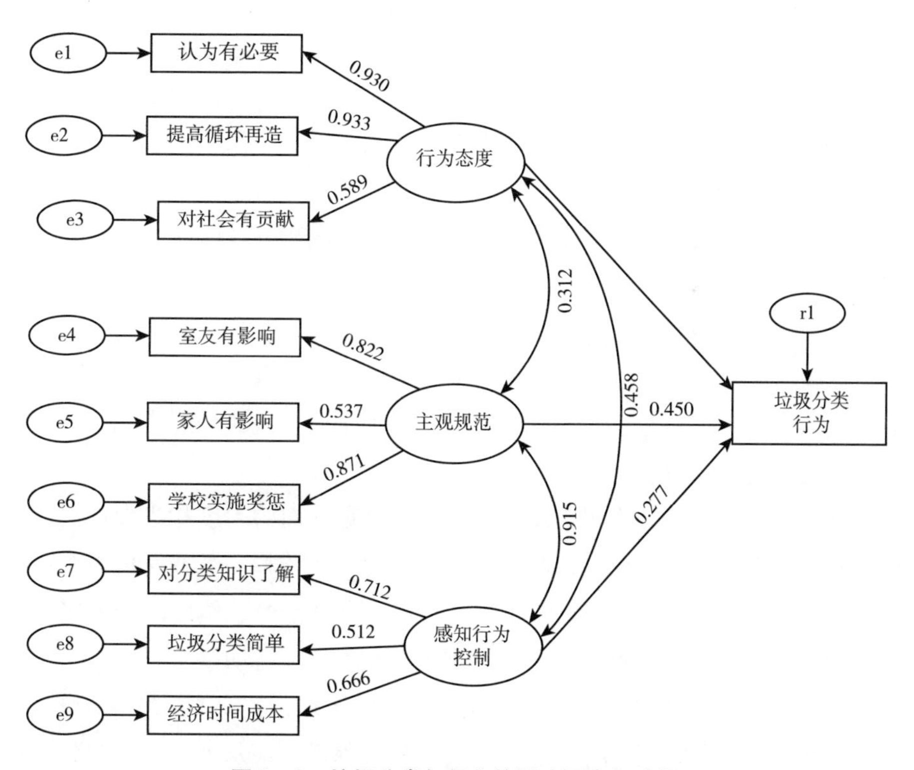


**图 8 – 3　垃圾分类与行为的影响因素与路径**

资料来源：笔者根据计算结果绘制。

## 8.5 研究结果讨论

在设计问卷并进行问卷调查的基础上，笔者进行了模型选择、数据分析以及后续的模型调整。通过信度、效度与适配度的严格检验，本书证明了问卷设计的有效性，理论模型具有较高的质量，且研究结果稳定可靠。基于研究结果，以下几个问题需进一步讨论。

### 8.5.1 行为态度与分类行为的背离

行为态度对垃圾分类行为的路径系数不显著，这表明广州高校学生对垃圾分类的行为态度对其实际分类行为的影响并不明显。这体现了居民在垃圾分类上“认知”与“行动”的脱节，与一些文献的研究结论相吻合，如“较高的分类意愿并不必然导致较高的分类行为”（陈绍军，2015）以及“环境态度仅对公域的亲环境行为产生影响”（王建华等，2020）。这也反映出，尽管高校学生理解垃圾分类的重大意义，但这并不足以促使他们将其转化为实际的分类行动。

在“感知行为控制”这一维度中，“对垃圾分类知识的了解”的因素负荷量最高，说明掌握垃圾分类知识对于促进垃圾分类行为至关重要。这与已有研究“环境知识对公、私域的亲环境行为均产生显著影响”（王建华等，2020）的结论相一致。

从实际情况来看，广州在垃圾分类宣讲教育方面的力度相当大：在各种媒体上广泛投放广告，居民区的垃圾分类点配备宣传栏、悬挂宣传横幅；在高校，有社团进行相关宣讲，学生生活区也设有宣传栏。然而，学生的“认知”大多停留在理论层面，行为态度难以转化为实际行动。

因此，下一阶段的环境教育内容需要有所转移，教育方式也需要转变。当“垃圾要分类”的认知已经树立，相关的环保教育应从宏观的认知教育转向微观、具体的行为引导。宣传教育方式应从单方面的灌输转向情景教育与实地教育，例如了解垃圾运输中转与处理过程、参观垃圾焚烧发电厂等，通过这种教育方式来内化分类行为的驱动力。让居民了解自己产生的垃圾在社会中的意义，以及自己的分类行为在整个垃圾处理链条中的作用与意义，才能将对垃圾分类的特定“认知”转化为明确而持久的“行动”。

### 8.5.2　垃圾分类行为室友的影响强于家人影响

主观规范对垃圾分类行为的路径系数在三者中最大，这表明在影响垃圾分类行为的因素中，主观规范起到了最为显著的作用。在“主观规范”组中，根据因素荷载量的大小比较，“室友的影响”强于“家人的影响”。家人的影响更多地表现为一种自由而内在的影响，它已内化为个人的行为规范，其影响通常更为持久，并且不会局限于特定的场景或环境。相比之下，室友的影响反映的是群体对个人的影响，在垃圾分类的积极氛围下，为了维持高尚的道德自我形象，个体会更倾向于表现出亲社会行为（朱一杰等，2017）。

“室友的影响”凸显了群体行为对个体的显著影响，而家人影响的相对较弱则从侧面反映出我国的垃圾分类尚未能完全“内化于心、外化于行”。垃圾分类的推进既需要政府的规制，也依赖于公众行为的改变。我国垃圾分类已经历了从前期的教育倡导阶段到政府规制逐渐加强的过程。然而，要实现垃圾分类真正内化为个人的行为规范与行动指南，这一转变过程仍然任重而道远。

在垃圾分类的积极氛围下，群体与环境给予的外在影响显得尤为强烈。因此，在垃圾分类管理过程中，可以巧妙地利用群体的影响。例如，在高校以宿舍为单位，在社区以居民小区甚至楼栋单元为单位，参与垃圾分类行为的统计与管理。通过强化小环境的内在“软压力”，可以有效地提升垃圾分类行为，从而获得更好的垃圾分类效果。

### 8.5.3　“学校有奖惩”影响远大于“学校有倡导”

在主观规范组，“学校有奖惩”的因素荷载量最大，而“学校有倡导”因为因素荷载量过小而被删除。学校有奖惩是能有力促进垃圾分类行为，例如广州多所高校，通过刷校卡投放分好类的“垃圾”，并因此获得积分。若未能做好分类，会在投放中获得追踪。在易班系统中，积分可换取实物奖品等。“学校有奖惩”，反映的是学生对学校实施的规制强度增大而作出的行动反应。而“学校有倡导”未能构成对主观规范的拟合项，反映学校若只停留在倡导层面，则难以有效地通过“主观规范”来影响垃圾分类行为。这与前文中大学生垃圾分类的“知行冲突”反映的问题是一致的。

“学校有奖惩”对分类行为的影响是众多观测变量因素负荷量最大的，这反映“规制”强度对行为的影响。当被规制对象真切地感受到规制实施的力度，会据此调整自己的分类行为。以我国市级条例为样本的研究发现，“生活垃圾分类政策的弱规制性特征凸显，弱规制性影响了行动者行为选择的力度，进而阻碍行动情境的实现”（郑泽宇和陈德敏，2021）。在评估垃圾分类仅停留于宣传教育时，不少被调研对象认为，“既然实施不严格，那就不重要，也不要太认真”，通常也会持投机心态敷衍以对。因此，广州市高校可进一步完善“奖惩体系”的设计、持续提升奖惩制度的教育效应。广州市也可以效仿上海市，提升规制强度，尝试逐步推行以社区为单位的生活垃圾强制分类。

### 8.5.4 “按量计费”未能获得支持性结论

在本书基于2022年初的数据所作的分析中，“支持按量计费”在“行为态度”上因为因素负荷量低而被删减。在后续模型的调整中，也拟将其作为“行为”的一个可观测变量，但都未能成功纳入模型。这个侧面反映了样本群体对“按量计费”态度复杂，具有较大的不确定性。对城市生活垃圾处理的按量计费在比利时、丹麦、日本、韩国等发达国家和地区得到了实践，并有较好的垃圾减量化效果。从理论上来说，“谁产生，谁付费”能将环境品“负外部性内部化”，可有效促进生活垃圾的源削减（刘曼琴和张耀辉，2018）。广州市城市管理局早在2015年在6个行政区、20个小区实施生活垃圾分类计量收费，试行结束后，“计量收费”未能在全市范围实施。城市生活垃圾的按量计费一直为大家所关注，如表3－7所示。除深圳一定程度上实施了以“水消费量折算系数法”来征收垃圾处理费，事实上，我国尚未有城市对家庭生活垃圾实施按抛投量计费。本书通过研究发现，在国际上被广泛采用的“按量计费”，能对公民的垃圾分类产生教育效应。

## 8.6 本章小结

本章以大学生为研究主体，是考虑大学生这一群体相对于社区居民，具有以下特质：非在职，时间成本低于社区居民；且学生群体均无工资收入条件下，垃圾分类时间成本无异质性；近年广州高校对大学生的垃圾分类宣传与教育密集，环境友好型教育强度要大于普通居民。居民垃圾分类行为是私域环境行为，投放行为才发生在公共场所。而大学生集体生活或学习，在集体情景下垃圾分类与投放行为受到内在的认知影响、所处环境因素影响，针对大学生的研究会比针对居民的研究更容易获得显著效果。且大学生这一群体，也几乎控制住了受教育程度这一变量，有助于聚焦本书要讨论的主题。当然，笔者决定对大学生进行的问卷调查分析，也是出于调研的时间成本更低，实施也更便利等因素的考虑。研究结果显示，广州高校的大学生在垃圾分类行动上，出现行为态度与分类行为的背离，即知行不一。这个常见的弊病未因为受教育程度而发生改变。

受到来自室友的影响大于家庭的影响，说明外在环境影响比内在教育的影响力更大。学校的实质性“奖惩”比起鼓励与教导方式，前者对学生的垃圾分类行为有实质性的改变。那将这个结论放大到社会，对于我国目前正在实施的强制分类，若只是考核分类的数据、只关注分类的结果，而不是过程中居民的分类行为，尤其是如果对居民逃避分类的行为没有“惩罚性”措施，就难以真正改变那些逃避垃圾分类的行为。因此，强制分类要真正地“触及”居民的认知，更要“撼动”其固有行为习惯，必须将奖惩落到实施中。对于按量计费，针对广州市高校学校的问卷数据未能获得清晰的“是”与“否”的信号。

| 第9章 |

# 家庭参与生活垃圾强制分类的社区实践

在第4章中，本书剖析了我国垃圾分类政策如何从顶层的宏观设计出发，经由人大立法确立法律基础，再通过部委法规细化执行细节，最终落实到地方法规，形成了一条逐步清晰、由点及面的政策推行路径。此路径确保了垃圾分类政策既有高屋建瓴的指导思想，又有具体可行的实施措施。在第8章，我们将研究视角转向了个体，通过实证分析来揭示影响垃圾分类行为的各种因素。而在本章中，本书将观察焦点进一步聚焦到垃圾分类的现实场景——“社区”，将探讨垃圾分类政策如何从市级地方法规出发，经过区政府的统筹规划与推行，传递至中国政府的基层派出机构“街道办事处”（或乡镇），再进一步传导到社区居委会，最终深入每一个家庭。

本章在介绍城市生活垃圾分类政策的实施与管理体系，以及社区主导力量如何影响治理模式的基础上，精心选取了四个具有代表性的案例进行分析：闭型特征社区案例的北京J小区、开放型特征社区案例的广州H街道、城乡接合部特征社区案例的青岛C街道、企业案例的杭州市L物业公司。前三个案例呈现明显的行政主导特点，第四个案例从物业公司的视角出发，展示了物业公司与公益组织合作形成的“第三方力量主导模式”在推进垃圾分类中的独特作用。通过这些案例的分析，我们可以更直观地看到垃圾分类政策在不同类型社区中的实施情况，以及物业公司等第三方力量在推进垃圾分类中所扮演的重要角色。

# 9.1　垃圾分类政策实施与管理体系

本节着重介绍我国垃圾分类政策实施与管理体系，尤其是垃圾分类三大主体：生活垃圾分类责任主体是居民、生活垃圾分类管理责任人是物业公司，但在垃圾分类实施的组织中现实主体是社区，社区的主导者是社区基层党组织。

## 9.1.1　政府提供制度与组织

从居民的城市生活垃圾规制来看，相关方主要有政府、非政府组织、企业与居民。在垃圾分类回收规制体系中，从理论上来看，规制者为政府，被规制者为家庭，而企业与非政府组织助于规制有效实施。在政策提供与执行过程中，各层级政府有明显的功能差异。可以将这个管理链条表现为如图9－1所示。

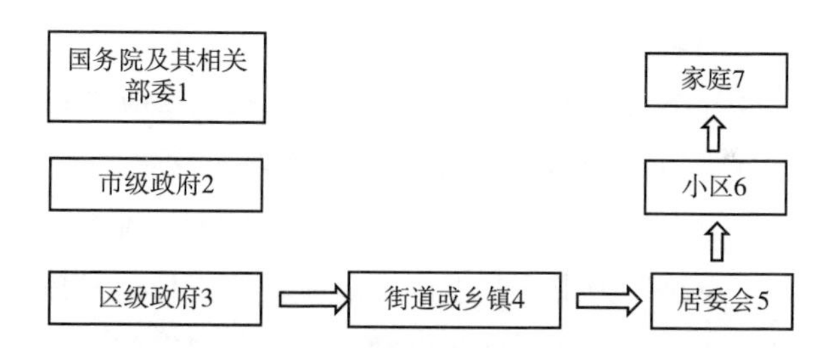


**图9－1　城市生活垃圾政策颁布与实施链**

资料来源：笔者绘制。

我国垃圾分类的相关法规颁布及其实施情况，可简要表示为图9－1。国务院与相关部委，颁布上位法，要求各市开展垃圾的强制分类。因为各地城市建设的水平有差价，各地气候、生活垃圾结构有差异等原因，上位法给出原则性要求。市级政府根据上位法，结合各地的特征，制定推进垃圾分类的地方性法规，比之于上位法，地方性法规具体细致、操作性强的特征。因此，1与2两级“政府”，承担起提供政策要求、加强领导、进行综合协调、统筹协调管理等。例如，“市人民政府应当加强对本市生活垃圾管理工作的领导，建立生活垃圾管理工作综合协调机制，统筹协调生活垃圾管理工作”①。“市、区人民政府……，建立生活垃圾分类管理联席会议制度，协调解决生活垃圾分类管理工作中的重大事项”②，要求市、区级政府将生活垃圾源头减量和分类管理工作纳入本级政府的发展规划，确认它的绩效目标，统筹规划并“优先安排用地和建设”，“保障资金投入”。上海市也要求区政府对其辖区的生活垃圾管理工作负责，并建立综合协调机制。

“镇人民政府、街道办事处负责本辖区内生活垃圾分类的日常管理工作”，作为基层“政府”的镇政府、街道办需要对辖区内垃圾分类的具体实施及其管理负责。镇政府与街道办成了垃圾分类政策及其实行的“神经末梢”，将政府的相关政策直接传递到社区与民众。街道办下设若干个社区居委会或村委会，居委会或村委会须协助街道办完成垃圾分类管理工作。在城市社区内，除了居民委员会还有业主委员会，两者在社区党委的“党建引领”作用下，以“红色”带领“绿色”，促进垃圾分类的实施。

### 9.1.2 居民是垃圾分类的责任主体

居民，作为生活垃圾的直接产生者，也必然是垃圾分类投放的责任主体。上海市在垃圾分类政策中明确规定：“单位和个人应当积极参与绿色生活行动，致力于减少生活垃圾的产生，并严格履行生活垃圾分类投放的义务，承担起生活垃圾产生者的责任。”这一规定不仅强调了生活垃圾分类投放是居民的义务，更是作为生活垃圾产生者应尽的责任。具体而言，分类投放要求居民对自己产生的垃圾担负起正确分类、在规定的时间和地点进行准确投放的义务。它不仅是一种行为要求，更深层次地，它意味着生活垃圾分类已经成为市民应当遵循的基本规范。

长期以来，我国对垃圾分类的规制相对较弱，导致许多居民形成了“垃圾处理与我无关”“那是环卫部门的事”等错误观念。而“生活垃圾分类投放是义务”这一政策性的规定，正是为了扭转这种错觉，让居民认识到自己在垃圾分类中的重要作用。此外，上海市还进一步规定，按照“谁产生谁付

① 见《上海市生活垃圾管理条例（2019）》第五条。

② 见《广州市生活垃圾分类管理条例（2018）》第七条。

费”的原则，逐步建立起计量收费、分类计价的生活垃圾处理收费制度。这一制度不仅再次明确了“产生者负责”的原则，而且通过经济杠杆的作用，进一步促使居民对自己的垃圾产生和分类投放负责，从而提高了居民对垃圾分类的积极性和参与度。总之，居民是垃圾的产生者，也是分类投放的责任主体。通过政策性的引导和经济杠杆的激励，促使居民垃圾分类中发挥出更大的作用，共同推动社会的绿色、可持续发展。

### 9.1.3　物业公司是管理责任人

物业公司是实行生活垃圾分类管理的责任人。“住宅小区由业主委托物业服务企业实施物业管理的，物业服务企业为管理责任人”，对于部分“农转居”居民的住宅小区，如果没有物业公司，就由业主负责，或者由居委会“兜底”。城市居住地区，实行物业管理的，物业管理公司是“生活垃圾分类管理责任人”。其“管理责任”包括六个内容：（1）居委会设计投放点，在小区内合理分布各类垃圾的收集容器；（2）硬件设施的提供，如配备相应的设施与设备，并定期清理与维护；（3）在垃圾分类环节中，通过“站桶”、巡查、督促和提供指导等方式，对社区居民的垃圾分类情况进行监测和评估，确保垃圾分类政策的有效执行；（4）在居民的垃圾分类投放不准确时，给予二次分拣；（5）垃圾收集后的分类转运等；（6）配合居民委员会、业主委员会，以及进驻小区的社会公益组织做好垃圾分类的教育与宣讲工作。

### 9.1.4　社区居委会与业委会

在第 1 章引言部分，我们已对“社区”这一概念及其重要组成部分——居委会和社区业委会的产生背景、日常运作与管理模式进行了简要介绍。社区是一个具有明确地域界线的概念，在社区治理体系中，居委会、业委会以及物业公司共同构成了推动社区发展的“三驾马车”。

关于垃圾分类的责任，相关规章制度作出了明确的规定。例如，要求“街道办事处可以组织、引导辖区内的居民委员会将生活垃圾分类的要求纳入居民公约”①，“在居住区内设立生活垃圾减量分类指导员，宣传生活垃圾

① 见《北京市生活垃圾管理条例》第五十八条，《广州市生活垃圾分类管理条例》第八条。

分类知识，指导居民正确地开展生活垃圾分类”[1]。具体到社区居委会的职责，主要有：首先，将生活垃圾分类的要求明确纳入居民公约，确保垃圾分类成为社区居民的共同遵守准则；其次，承担起宣传生活垃圾分类知识的重任，通过多种形式提高居民对垃圾分类的认识和参与度；最后，指导居民正确开展生活垃圾分类，确保垃圾分类工作的有效实施。

### 9.1.5 社会组织

在城市中推行居民生活强制分类，通过强制性的法律、规章制度以及行政手段，以“权责方式”由上级政府至基层政府组织层层要求，一方面，会导致政策的执行成本高；另一方面，通过强制手段来介入社区事务，可能会引发居民的抵触情绪；尤其，这种政策的执行由于成本过高而导致“运动式执行”，影响其可持续性，从而难以形成真正的内在规范。因此，引入社会组织，通过社会组织的赋能与柔性参与，成为必须。而且随着我国经济的发展，人们对绿色城市、生态文明的追求，社会组织蓬勃发展，也为社会组织参与社区垃圾分类提供了可能。社会组织参与社区垃圾分类的方式有：（1）宣传教育。社会组织在社区垃圾分类中起到了重要的宣传教育作用。他们可以通过开展宣传活动、举办座谈会和培训班等形式，向社区居民普及垃圾分类的重要性和正确的分类方法。通过提供相关知识和技能，社会组织能够提高社区居民的垃圾分类意识和行为。（2）组织活动。社会组织还可以组织各种相关活动，以促进社区垃圾分类工作的推进。例如，他们可以组织志愿者参与垃圾分类工作，开展清洁行动，或者举办垃圾回收市集等活动，鼓励社区居民积极参与垃圾分类并加强合作意识。（3）资源整合。社会组织在社区垃圾分类中还发挥着资源整合的作用。他们可以协调政府、企业和其他非营利组织之间的合作，共同投入人力、技术和物质资源，以支持社区垃圾分类项目的实施和发展。通过资源整合，社会组织能够更好地满足社区的需求，提高垃圾分类工作的效果和可持续性。

### 9.1.6 社区的关键行动者

垃圾分类的有效性在于能真正改变居民的行为。在图9-1中，由6至7

---

① 见《北京市生活垃圾管理条例》第五十八条。

的环节至关重要。在我们的调研中，“楼门长”或“栋长”被认为是社区行为的关键角色，他们来自居民中的志愿者或者居民中的党员志愿者。在居民垃圾分类行为推动过程中，社区的行动者是非常重要的角色。由于他们社区内部成员身份，在获得居民信任方面，比社会组织成员更具有优势。长期参与党员志愿者小组的人通常是更有效的行动者。他们可以担任各种任务的志愿者，同时充当居民委员会和家庭成员之间的联系人和领导者。熟悉的人能够加强与居民之间的联系，从而使传达的信息更有效。行动者的个人特质和执行方法都会影响居民对政策的态度。

在互联时代与信息分享高度便捷的现在，“业主群”“楼栋群”等微信群给邻里之间提供了更便捷的交流平台。在这种平台上，社区的关键行动者通过社交规范的交流、行为导向等影响居民，方便地传达出怎样垃圾分类是正确的，怎样操作是错误的，这种获得其他成员赞同的禁令性规范或可执行的描述性规范等，增强了居民对垃圾分类行为的引导。

## 9.2　城市社区主导力量与治理模式

随着我国城市化进程的加快，社区发展也处于持续变化之中。社区组成力量、社区发展历史等因素导致社区特征各异。按照社区治理中主导力量的类型来划分，社区可划分为行政主导模式、业主自治模式、协同治理模式和专业机构主导模式。

### 9.2.1　行政主导模式

行政主导模式是指政府在社区治理中扮演主导角色，制定政策、规划和管理社区发展。政府负责提供公共服务设施、维护社会秩序，并对社区决策进行监督和指导。在这种模式下，政府拥有最高的权威和决策权，居民通过选举或其他形式参与其中。行政主导的必要性在于，“垃圾围城”给城市环境治理带来巨大压力，如何减少垃圾污染和对垃圾进行回收利用构成国家生态文明建设重要组成部分。政府的整体规划和引领，可以改变人们生活方式和行为陋习，更好地满足人们对美好宜居生活环境的向往。垃圾分类启动初期，政府通过有意识的牵头主导，既能够为政策执行创造良好的制度环境、法律环境，为居民与基层政策执行者之间提供合适的交互空间，同时基于国家治理的理性考虑，政府也会主动为政策执行后期的社会再组织化创造条件。

然而，这种行政控制的治理方式需要政府投入大量人、财、物，具有“来也匆匆，去也匆匆”运动式治理特点。虽然这种单向资源输送方式可能在短时间内提高垃圾分类有效性，但从长远看，垃圾分类的持久性、过高行政成本以及社区居民满意度并没有被考虑在内，基层政府可能只是基于“压力型体制”被动强制执行，更多关注的并不是治理效果好坏，而是作为“政治任务”的垃圾分类是否已被执行。

### 9.2.2 业主自治模式

在这种模式下，居民是社区治理的主要主导力量。他们通过居民委员会、居民代表大会等形式，直接参与决策、管理和监督社区事务。居民自治模式注重基层民主参与，强调居民的自我组织能力和自治精神。业主自治模式的社区在促进垃圾分类工作上具有四个特点：（1）参与度整体较高，业主自治模式通常具有较高的居民参与和主动性，进而使其具有较高的民众参与度，居民垃圾分类的意愿也相对较高。（2）管理可以有更大的灵活性，业主自治模式的社区可以根据实际情况、居民意见反馈等制定适合本地居民的垃圾分类措施。例如，可以根据居民的需求和意见调整垃圾分类“点”的位置和密度。这种较高的灵活性也能促进垃圾分类的有效实施。（3）自我监管能力强，业主自治模式通常拥有更强的自我组织能力和自主性，如建立志愿者队伍，来提高垃圾分类工作的执行力和质量。（4）社区凝聚力强，业主自治模式的社区通常更注重居民之间的合作和互助，有助于建立更紧密的社区关系，以柔性的自治力量推动垃圾分类。

业主自治模式社区在垃圾分类工作中拥有较好的民意基础，因此参与度会较高。但在实施中也发现一些不足：正是因为业主出于自愿参与，居民间的参与程度不一，会导致垃圾分类义务承担不均衡，这会影响社区垃圾分类的执行模式及其效率是否具有持久性。另外，在业主自治模式中居民对垃圾分类的社区管理缺乏专业知识，尤其对大型社区的管理，会面临组织和管理难题。

### 9.2.3　协同治理模式

协同治理模式是由政府、居民、企业和非政府组织等各方合作共同参与社区治理。通过形成多元参与的合作机制，各方协商、决策和推动社区发展。协同治理模式强调社区成员之间的合作和互助，追求共赢和共同发展。

协同治理模式社区最突出的特点在于其注重多元合作，并能实现“各尽其长”资源整合。社区居民、行政机构、企业组织等各方可以积极参与，共同合作推动垃圾分类工作。这种合作机制能够整合各方的资源和专长，提供更全面、高效的垃圾分类服务。例如，行政机构可以提供政策支持和法规制定，企业组织可以提供技术支持和资金投入，居民可以身体力行形成良好的垃圾分类氛围。当然协同治理模式的社区也有“协”而难“同”的痛点，难以达成共同的行动共识，如果演变到成为各方角力的平台，会对公共决策和共同行动形成阻力。在笔者的调研案例中，这种情况是存在的。

### 9.2.4　专业机构主导模式

这种“专业机构”通常包括一些公益基金背后的非政府组织，或提供“幸福生活服务”的物业公司等。在这种模式下，物业公司具有专业的社区管理水平、服务经验。对于有市场实力的物业公司，它在市场规模上拥有优势，在社区服务的提供上能实现规模经济；因为它在某个城市或者某些城市有社区点，在垃圾社区外分类流转、分类运输等方面也可以实现范围经济。还有以公益组织这一专业机构为主导的模式，在此种模式下，公益组织的专业机构和专家的专业水平会成为最大优势，为社区垃圾分类提供专业经验与技术支持。在管理实践中，专业机构主导模式整体比较少，原因可能有两个，一是我国专业机构整体起步晚，还处在成长阶段；二是社区垃圾分类主体实施者是居民，专业机构主导模式相对来说“本土性”弱。

在上述四种模式中，在政策执行的初期，行政主导模式是一种常见选择，而业主自治模式则是垃圾分类政策实施条件成熟后才能实现的一种理想状态。在发展过程中，协同治理的模式更为常见，原因在于，它能最大限度地发挥多元社区治理主体的优势，这是基于合理自利原则的选择。在垃圾分类政策实现常规化治理中，不同的管理模式下所包含的要素不同，因此最终的治理绩效以及对整个社区治理模式的塑造也会有所差异。而且，需要注意的是，现实中各社区模式之间存在相互交叉和结合。选择适合的模式需要考虑社区特点、资源情况和治理目标等多方面的因素，以实现社区的可持续发展和良好治理。

## 9.3 北京市J社区：封闭型社区的垃圾分类实践

### 9.3.1 社区简况与政策背景

北京海淀区J社区，隶属的街道总面积6.49平方千米，根据2020年统计，人口数为14.7万人，下辖24个社区，J社区是其中之一。社区建于1954年，1999年建成封闭型社区，地处西二环、西三环之间、交通便利；社区占地27万平方米（约合405亩），共有34栋居民楼房，3503户居民，约1.5万常住人口。从产权权属上讲共有12家产权单位，有大小机关企事业有408家。同时，社区内的公共服务设施比较完备，不仅有超市、餐馆、理发馆，还有医院、学校、幼儿园等。社区内人口以某部委职工为主，外来人口占比在3%～5%。在1999年建成封闭型社区后，2000年成立新居民委员会。20多年来，该社区的居委会获得过多次市级、区级的各种社区管理与组织奖项，社区居委会工作也深得居民好评，居委会主任在居民中有较高的威信与号召力。显然，与青岛市C街道相比，J社区是一个典型的由“单位大院”演变至今的配套成熟、邻里关联较强、流动人口少、居委会对居民影响力强的封闭式城市社区。

2000年6月，北京与上海、广州等城市一同被列入我国首批8个垃圾分类收集试点城市。北京市的J社区自2011年起逐步推行垃圾分类，在笔者调研案例中属于推行较早的社区。在实践过程中，积累了实践基础，获得了较好的民意支持。然而，尽管如此，该社区仍面临着“知易行难”、分类不准确等问题。

修订后的《北京市生活垃圾管理条例》于2020年5月1日正式实施。该条例将居民生活垃圾分类从原来的倡导性行为转变为“法定义务”，并明确指出“生活垃圾管理是本市各级人民政府的重要职责”。同时，条例还详细划分了市区两级政府的工作内容与职责，显示出政府对垃圾分类工作的高度重视。为了有效推进垃圾分类工作，2020 年 5 月，市区两级政府共同组建了垃圾分类推进工作指挥部。该指挥部由主管副市长担任总指挥，下设 7 个工作组，包括综合协调组、政策指导组、物业管理组、社区工作组、执法保障组、监督检查组和宣传动员组，共涵盖 27 个市级部门。指挥部始终密切关注社情民意，不断协调解决各种疑难问题，高效应对垃圾分类推行过程中的难点，并形成了每日调度、督导检查、政策研究和统筹指导的工作机制。

### 9.3.2　社区内垃圾分类难题

J 社区当时的垃圾处理设施有：垃圾桶站 58 个，厨余处理设备 1 台，垃圾中转站 1 个，经营性废品回收站 3 个。J 社区与垃圾分类的相关方有：所在街道的城管科就垃圾分类和社区党委会、社区居委会联系；小区物业公司负责社区的物业服务；海淀区环卫负责社区包括厨余垃圾的所有垃圾的清运。当时社区垃圾分类管理存在的问题有，其一，居民参与率不高、厨余分出率不高；其二，在厨余垃圾处理上，由于厨余处理设备闲置不用，厨余垃圾在中转站停留，常常隔夜清运，导致夏季蚊虫多、异味重；其三，低值回收物回收率低、有害垃圾回收率低。要实行垃圾分类，必须将原来在各楼道的垃圾桶撤下，将原来的垃圾桶站由 58 个合并为 11 个，按 300 户设一个站点。这会给业已习惯在某处投放垃圾的居民带来新任务，增加生活不便，可能会有居民产生抵触情绪。

### 9.3.3　垃圾分类的推进

（1）专业加持，组织保证。在垃圾站设立之前，于 2019 年提前引入专注于“社区治理”的社会组织“阿牛公益”。在实施垃圾强制分类后，成立以社区党委、居委会、物业、阿牛公益、物业公益基金会共五方参与的工作小组，并制订“由易到难、借势借力”实施方案：开展宣传动员，推进工作进度等。（2）行动前先动员与培训。工作小组对居民、社区志愿者、物业保洁员进行培训。对居民重点阐述“为什么需要垃圾分类”进行价值引领，向居民和物业保洁员讲“如何进行分类”以提高垃圾分类的知识与技能，引导保洁员做好可能需要的第二次分类；对社区志愿者、物业保洁员还重点介绍如何引导居民分类的“沟通技巧”。(3）组织人力完成守桶攻坚战。“看桶洁桶运桶，实现定时定点”，通过社区工作者、党员志愿者、社区志愿者、物业保洁员的站桶值守，引导与督促居民定时定点分类投放。(4）积极创新，构建友好型垃圾分类清洁区。面对垃圾分类投放中厨余垃圾破袋易弄脏手、厨余垃圾桶盖易弄脏，影响居民分类投放感受等，志愿者队伍创新了盖上配开盖拉绳、厨余桶装“破袋神器”、设计便利的“厨余神桶”，并将垃圾投放点的洗手台布置得洁净温馨、提供洗手液与消毒用品等。提高居民分类投放的便利化程度、改善分类投放的环境，明显促进居民对垃圾分类投放的参与程度。

### 9.3.4 政策效果显著，长效机制待建

在推进垃圾分类的过程中，J社区以“三驾马车”为主体，再借力社会资源、市场资源来推进垃圾分类。因此，J社区党委、社区居委会、小区物业公司、社会组织、第三方企业共五股力量实现“多元共治”。在这个过程中，始终坚持“党建引领”。在撤桶并站的第一周，是社区党员志愿者一马当先；在垃圾分类的日常推行中，有平均年龄60岁以上的“老党员先锋队”，积极配合社区开展志愿服务活动，用实际行动推进垃圾分类。在这种模式多管齐下、多方协同下，J社区取得明显的效果，数据显示自2020年5月推进七个月后，工作成效显著，体现在“三升一降”：垃圾分类参与率、垃圾的正确投放率上升；厨余分出率及其纯净度明显上升；可回收物与有害垃圾回收量显著上升；其他垃圾明显下降。实质上是人的意识改变、行为改变成为习惯，甚至内化为社会的行为规范，才能真正地实现民众垃圾分类行为的转变。因此，垃圾分类“三升一降”的效果固然重要，更重要的是建立起民众垃圾分类的长效机制。

### 9.3.5 北京市J社区案例小结

北京市J社区是一个典型的基于地缘、业缘的封闭式管理社区，具有显著的行政主导、居民互动性强特征。以第6章关于封闭型社区和开放型社区的界定与特征描述为参照，J社区属于“封闭型社区”，是典型的“熟人型小社会”，拥有一个在居民中具有高威信、强号召力的社区基层党组织。J社

区垃圾分类政策推进、日常社区管理中都体现出了鲜明的“基层党组织”力量，既体现在组织各方参与的“撤桶并站”攻坚战中，也体现在日常管理中，基层党组织是强有力的，体现在调动资源、发动民众和组织社会力量等方面。数据统计显示，该社区行政强力主导、坚持创新的垃圾分类政策执行效果显著，但基于民众自觉的长效机制尚在建设之中。

## 9.4　广州市H街道：开放型社区的垃圾分类实践

### 9.4.1　H街道简介与政策实施背景

广州市白云区位于广州的中北部，下辖20个街道、4个镇，H街道是其中之一。2014年随着广州城市快速的城镇化，区域内常住人口的增加，“H街道办事处”成立。至调研的2023年5月，H街道办事处下辖3个经济联合社、11个社区居委会。经济联合社实际上由原来的行政村改制过来。H街道总面积6.17平方千米。根据2020年第七次人口普查数据，常住人口约13万，其中户籍人口约1.8万，外来流动人口约11.2万。辖内共有6所小学和15所幼儿园，其中3所公办小学，2所公办幼儿园。

选择将该街道办作为案例研究对象，是因为该街道办外来流动人口占约86%；辖区内14个居委会，只有3个居委是统一的小区管理，即按第5章界定的封闭型社区有3个。该街道其他社区都为开放型社区，就是常规意义上的“城中村”。“城中村”多为村民自建房、村集体建房形成，因其早期建设，未纳入城市建设规划，房屋拥挤道路狭窄，且缺乏统一的小区管理。城中村房屋多为租赁方式且居住人口流动性大。

### 9.4.2　H街道办垃圾分类推进的四个阶段

H街道办垃圾分类实施从2019年12月开始推进，对于开放式社区的垃圾分类，大体经历了“撤桶并点，定时投放”，“垃圾公交”运行，“栋长负责制”，以及现在网格化管理四个阶段。

(1)“撤桶并点，定时投放”阶段。2019年12月开始，实行垃圾桶撤桶合并，定时定点投放。在实施小区撤桶，定时定点的常规垃圾分类方法时，H 街道在调研、调查基础上，大体按每 500 户设一个垃圾投放点。因为撤桶后，“点”的密度远低于此前“桶”的密度，会增加居民垃圾投放困难。为减少居民对新变化的抗拒，垃圾投放点设计与管理都尽量“友好”：例如，桶的高度确定考虑投放习惯与平均身高；每个站建有洗手池，洗手池尽量舒适美观，配有烘手机、洗手液、纸巾等。在管理上，对垃圾分类装置的外壁保持至少每日一次的擦拭、喷洒消毒液，内壁保证高压水枪冲刷至少一次，确保设备无异味。该阶段改变了居民垃圾投放点，从收集数据看，垃圾分类与减量数据并未有起色。有些居民因为垃圾点设置过远，直接将垃圾弃于路边，导致公共区域环卫状况恶化。

（2）“垃圾分类巴士”阶段。对于开放式的社区，设立“垃圾公交”，定时到流动的垃圾投放点，方便居民定时投放，按类投放，就近投放。分类公交配备专门的人员进行督导，督促居民厨余垃圾破袋，分类投放。2021 年初开始，以分类巴士代替露天投放，开通巴士收运线路 9 条，投入收运车辆 36 台。便捷垃圾投放，每车又配有专人督导垃圾分类，垃圾分类效果明显，垃圾回收量也上来了。垃圾分类巴士解决了投递距离远、垃圾不分类的困难，但对居民的投放时间要求较高。运行一段时间后发现中老年居民长期形成的晚间垃圾投放习惯难以改变；而居民中不少“打工族”，反映“工作忙累，白天上班、晚上下班时间难确定”等。垃圾分类巴士仍然未能达到预期目标。

（3）“栋长制 + 分类公交”阶段。上述两个阶段，问题症结还是在于“城中村”的管理。针对城中村人员结构复杂、流动人口众多、垃圾分类参与度低等问题，创造性地采取了精准措施——“栋长制”。根据《广东省城乡生活垃圾管理条例》的规定，出租屋所有人或管理者就是垃圾分类投放的管理责任人。因此，H 街道将楼栋作为最小的物业管理单位，栋主成为垃圾分类和管理的负责人。居民在自家楼内进行垃圾分类，然后由栋长集中投放，并由分类公交巴士进行巡回收运。通过这一举措，实现了垃圾收集容器“路不见桶，桶要入房，房要美观”的目标，同时确保了垃圾收运车辆“车密闭，桶密闭”。整体来说“栋长制 + 分类公交”在城中村实行取得较好的成果。但“栋长制”依然有其“痛点”：第一，居民与房主在房屋租赁合同中，已应街道要求将居民垃圾分类写入其中，但仍有居民不遵守、不按规定分类投放垃圾的；第二，部分“栋长”未能担起“垃圾分类管理的责任人”

之责，导致其所有楼栋垃圾无序投放，导致难监管或者监管成本高。

（4）“网格化强化垃圾分类”阶段。2022 年 3 月，为进一步提升垃圾分类效果，H 街道加强了投放点包点管理责任人的巡查登记工作，并建立了街道、村居和物业三级包点巡查机制，以确保投放点的精细化管理措施得以落实。同时，街道积极进行上门入户宣传，并组织城管执法队、市政所、网格中心、经济联社和社区居委等单位，深入大街小巷，开展临街商铺垃圾分类宣传督导。如居委会搭建了城中村综合治理指挥中心调研指挥平台，推动城中村的智能化管理，建立了网格四级管理架构，将原有的 48 个网格进行了优化调整，增加到 63 个。为每个网格成立网格党支部、配备 1 名综合网格员，创新实施“双网格”模式。

### 9.4.3　H 街道垃圾分类成效

其一，从居民端来看，垃圾分类理念深入民心。如由第三方机构调研出具的《白云区 2021 年第二季度生活垃圾知晓率调研报告》显示，H 街道居民垃圾分类知晓率、覆盖率为 98%，居民参与率达 85%，明显高于全区水平。其二，从白云区内的考评来看，厨余垃圾分类率 27.48%，高于 2021 年白云区厨余垃圾分类率目标（25%）。在 2021 年 4 个季度广州市垃圾分类处理的专项考核中，H 街道考评结果均为“优”，在垃圾分类上表现突出。其三，从垃圾收集的终端数据来看，根据街道提供的自 2021 年 1 月至 2023 年 4 月的数据，绘制垃圾减量率如图 9－2 所示。

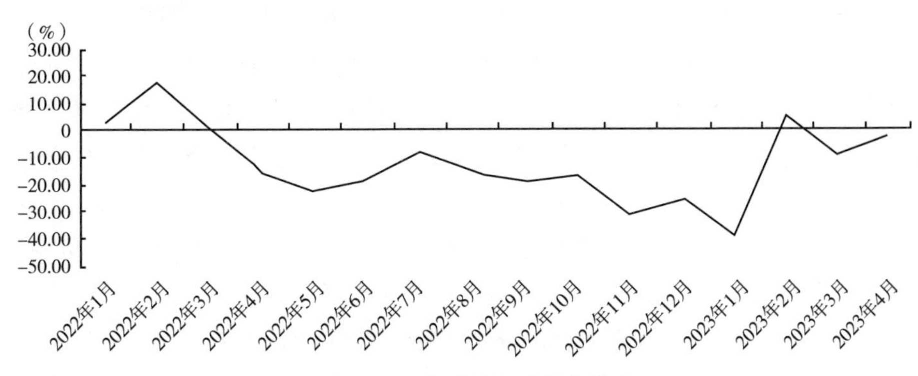


**图 9－2　H 街道垃圾减量率变动**

资料来源：笔者计算而得。

垃圾减量率的计算方法为，如2023年6月的所运送的各类垃圾总量数据与2022年同期（即6月）该值的差与上年同期该值的比率。即以2022年同期为参照，来核查垃圾的总量是否有降。图9－2反映了绝大多数时间垃圾减量率小于0，说明所要处理的垃圾总量在持续下降。图上有两个月份上升，即2022年2月与2023年2月，这正好对应中国的农历新年。这可以从三方面获得解释：一是我国农历新年家庭消费增加、聚会增多，会产生更多垃圾；二是广州新年有采购新春盆景鲜花的风俗，在春节过后会有一段时间的“春节垃圾”；三是农历新年，志愿者与社工春节放假，暂停“守桶值桶”，于是出现垃圾量激增。这些数据真实地反映了垃圾产生量是受民众的生活、习惯习俗等影响；也反映出我国垃圾分类的减量效果还是依赖“行政主导”与志愿督导等来实现。

### 9.4.4　开放式社区“城中村”垃圾分类——H街道的经验

（1）党建引领，强力落实垃圾分类法律政策。自2019年实施垃圾分类以来，广州市白云区先后通过了《白云区生活垃圾分类工作方案》《关于强化党建引领垃圾分类工作的实施方案》两份工作方案，要求实现区、乡镇（街道）、村（社区）三级党组织联动，推进居民垃圾分类；并印发了《关于深化全区基层党组织和党员开展“双报到”活动推动“党建引领垃圾分类”常态化、长效化的通知》《垃圾分类新时尚绿色文明我先行——关于号召全区各级党组织和广大党员干部积极投身文明城市创建和垃圾分类工作的倡议书》，号召各级党组织和党员干部履行垃圾分类职责。H街道以落实区文件精神为契机，积极组织党员参与分类督导、入户宣传和站桶指导等一系列工作。同时，对片区的党员实施了严格的生活垃圾分类综合考评制度，确保垃圾分类责任得到落实，并履行垃圾分类宣传教育的义务。

（2）抓“中介主体”促落实。区政府、街道办事处这两级行政机构，要将政令传诸居民使之实行，中间有居民委员会和物业公司两个重要的“中介主体”。居民委员会在垃圾分类组织工作中上承H街道办，下接楼栋和居民。居委会是垃圾分类宣传和指导主体，其责任是做好宣传指导，将生活垃圾源头减量和分类投放纳入社区居民公约，并组织动员、督促实施。物业公司是社区垃圾分类管理的责任主体，H 街道办为辖区内物业管理人员、小区保洁人员开展垃圾分类培训，培训内容为垃圾分类技能，督促引导居民分类的沟通技巧等。在外来人口租房集中的城中村，向房东科普垃圾分类知识，加强房东作为出租屋栋长的垃圾分类责任意识，发挥栋长的带动作用。通过抓住“中介主体”来促进落实，可有效地提高政策执行效果。

（3）激励与约束双管齐下。在社区设立垃圾分类“红黑榜”，在社区公共宣传栏对社区中主动分类且准确度高的垃圾分类“优秀居民”进行表彰，并给予适当物质奖励。对违反垃圾分类的居民进行批评教育，并督促其改正。2023 年第一季度，街道办城市管理执法队对物业小区内垃圾违规行为进行督查，包括不按分类要求设置垃圾分类收集点和收集容器、不分类投放、随意丢弃垃圾、混收混运、清运不及时垃圾满溢、未履行责任区市容环境卫生责任等行为，对单位与个人共开具行政罚单 23 张。这种激励与约束双管齐下的做法，对具体居民或单位具有引导、教育与震慑作用。

（4）科技赋能垃圾分类。在 H 街道某社区创造性地使用“云站桶”。该项目利用投放点的智能设备和人工智能技术进行抓拍，并定位到具体人员，可进行事后追踪。社区志愿者可实现线上即时值守，远程为分类投放街坊“云点赞”或对违规投放者进行“云督导”。分类投放点智能监控设备实现了 100% 的全覆盖，智能监控设备监控结果已纳入各街道、居委会的日常考评。另外，在 H 街道目前已经安装了 1500 多个摄像头的“天网”系统。该系统可以对垃圾投放行为进行抓拍和人脸识别，对如垃圾混投和厨余垃圾不破袋等违规行为追踪管理，并将其匹配给具体的居民。这些技术极大地减少了垃圾分类站桶的人力投入，提高了监管效率，并降低了监管成本。

（5）强化宣传教育与社区互动来促进居民行为转变。让民众接受环境教育，增强环境道德，在认知上接受、政策上理解的基础上，行动上才能有改变。面向全体居民的教育既要全面，又要持久，才能实现社区内垃圾分类的知晓率、参与率与准确率不断提升。民众志愿者、第三方组织是 H 街道垃圾分类的强有力补充。H 街道已组建了一支集基层干部、党员、群众、青年大学生、中小学生、公益人士为主体的“新时尚”垃圾分类志愿者队伍，这是开展主题宣讲、入户宣传的主要力量。入户宣传能有力地提高了家庭垃圾分类参与率。2022 年 7 至 8 月，H 街道的“垃圾分类志愿者队伍”共入户宣传 7886 户，派发分类垃圾袋与宣传单张等共计 7886 份。

总之，广州市白云区 H 街道在贯彻各级关于垃圾分类的法律、文件与精神时，以党建为引领，在实施的四个阶段持续优化抓落实。抓住中介主体、实现政策执行的有效传导；声誉激励与经济激励工具一起使用、激励与罚款双管齐下引导垃圾分类，约束违规投放。科技赋能垃圾分类，降低垃圾分类督导的成本，提高监管效率。聚合多方力量、强化宣传教育、通过社区互动来促进居民行为转变。H 街道为开放式社区垃圾分类的推进提供了可资学习与借鉴的经验。

## 9.5 青岛市 C 街道：城乡接合部社区的垃圾分类实践

### 9.5.1 街道简况及其特征

C 街道位于青岛市中北部，是所属区的区级机关驻地，总面积约 53 平方千米。具有以下特点：（1）人口规模大且流动性强：至 2020 年 12 月，常住人口约 40 万人，外来人口是常住人口的 1.67 倍。（2）社区与小区数量多：共辖 35 个农村社区、38 个城市社区居委会，212 个居民小区。辖区内大型社区少，小区类型差别大。（3）拥有强大的基层党组织：有 68 个基层党组织，党员人数多，形成细密的支持网点。（4）卫生管理基础好：该街道在 2017～2019 年三度获得国家卫生乡镇荣誉称号。

### 9.5.2 垃圾分类推进过程：2018～2020 年

2018 年 10 月，C 街道作为青岛市首批生活垃圾分类试点地区，安装了智能可回收垃圾收集点“小黄狗”，标志着 C 街道垃圾分类走进社区的第一步。“小黄狗”提供智能回收站机器，社区提供用地、配合管理，居民将家里的可回收垃圾投入“小黄狗”后可获得“环保金”，进而构成对居民实施垃圾分类与回收的经济激励。这是当时“互联网 + 环保”的典型业态，在给居民经济激励的同时，也培育了居民的垃圾分类意识。

2019年，先扩大宣讲，再实施“1+4分类模式”。在街道、社区启动垃圾分类宣传攻势，规范宣传“三栏”（宣传栏、指示栏、公示栏）；向每个小区设置“1”个大件垃圾暂存点、派发“4”个分类垃圾桶；向每户居民发放“厨余+其他”家庭两分类小桶。该阶段的目标是引导居民进行垃圾分类的行动，对厨余垃圾进行有效分离。实现这一目标，则达到了预期。

2020年下半年开启了“撤桶并点”的前期布置实施，由垃圾投放点的设立、密度等“软件设计”，到垃圾投放点的建设等“硬件建设”，再到推进居民“定时定点”分类投放，迈出了实质性的一步。2020年12月，完成了C街道旧改社区垃圾分类“撤桶并点”，实现了《青岛市生活垃圾分类管理办法》明确的“撤桶并点，定时定点”垃圾分类模式这一要求。建成启用34座“标准化四分类密闭式智能垃圾收集站”，成为全省首个完成旧改社区生活垃圾分类“撤桶并点”全覆盖的街道。

### 9.5.3 垃圾分类的组织保障

坚持党建引领，组织保证，以“红色”引领“绿色”。（1）建立垃圾分类推进工作领导小组：成立由街道党政主要领导担任组长的垃圾分类推进工作领导小组，并配备专职人员来负责垃圾分类办公室的工作，这样可以确保党建工作在垃圾分类中发挥领导作用。（2）加强党员队伍的参与：以党员队伍为基础，组建垃圾分类宣传员和督导员队伍，负责宣传和监督垃圾分类工作。党员带头签订《垃圾分类承诺书》，起到典型引领的作用，对社区居民起到示范带动作用。（3）利用主题党日及党员义务奉献日：通过在社区和物业小区进行入户宣传，深入推广垃圾分类知识。充分发挥各级党组织和广大党员干部的模范带头作用，鼓励社区居民共同参与垃圾分类工作。

网格管理，协同推进，以“互动”促“行动”。（1）组建以社区志愿者为主体的垃圾分类督导队伍。对街道进行网格划分，形成点、线、面相结合的垃圾分类投放点，每个垃圾站点选配1~2名网格员作为督导员，在定时定点的“站桶督导”中指导投放并纠正不正确的分类行为。（2）组建监督员队伍：以网格员为基础，联合物业人员在非垃圾投放时间进行巡查，对乱扔垃圾、不分类等不文明行为进行指导和纠正。(3) 组建志愿服务队伍：党员中心户、楼长将定期到居民家中进行垃圾分类宣传。同时，开展“小手牵大手”活动，通过孩子们的引领来带动更多居民参与垃圾分类。

### 9.5.4 垃圾分类的激励

加大激励力度，奖罚分明以促进垃圾分类：(1) 经济激励。街道每年拨出 100 万余元作为对分类实施效果较好的社区或小区的补助。同时，在小区内设置垃圾分类“红黑榜”，对分类良好的居民进行通报表扬，并给予一定的物质奖励。此外，实施积分管理，开展积分换购生活日用品。(2) 声誉激励。利用垃圾箱体自带屏幕，对不按规定分类、乱丢垃圾的不文明行为进行公开曝光。同时，将垃圾分类事项与福利待遇挂钩，协调城管执法部门进行取证处罚。正面激励和强制惩罚相结合的方式，有助于居民的垃圾分类行为从“受约束”转变为“成为习惯”，真正推动垃圾分类工作常态化并形成长期效应。

### 9.5.5 营造温馨促进型的分类环境

在调研基础上分析居民的投放需求，优化垃圾投放点的选址，促进垃圾分类。(1) 垃圾点合理选址。结合小区规模、布局、公共空间和道路设置等因素，合理确定撤桶并点的数量和位置，以最大限度满足居民的垃圾投放需求。(2) 征求意见。在选址存在争议较大的小区，结合“撤桶并点”的宣传工作，征求居民的意见，以提高居民的满意度，并降低潜在的投诉风险。(3) 保持箱体整洁。安排专人负责对垃圾箱体进行管理和保洁，确保箱体内外干净无味，提供良好的投放环境。(4) 做好分类投放后的分类处理。垃圾分类投放后，实行分类清运，特别是要保证厨余垃圾的日产日清。前期投放分类，后期一定要实现分类清运、分类处理，让居民了解自己的分类活动在垃圾分类处理中的意义。这样既保护了居民投放的积极性，也是对他们前期分类投入的认可与尊重。

### 9.5.6　教育宣讲，润物无声

采用多种多样的措施来普及垃圾分类知识，提升居民的垃圾分类意识和认同感。（1）开展垃圾分类培训。设立学习平台，通过观摩、知识讲座等形式向小区居民进行垃圾分类知识的培训。以不间断、多渠道、高频次的方式进行培训，实现垃圾分类知识向居民的传授。（2）在社区文体和公益活动中融入垃圾分类元素。可以提高居民对垃圾分类的关注度，加强他们对垃圾分类的认同感。（3）将垃圾分类工作纳入社区目标考核，并将垃圾分类写入村规民约或小区管理规约，在小区逐步形成垃圾分类、人人参与的良好风气。

C 街道典型的“城乡接合部”社区管理模式，在党建引领、网格管理上强化组织保障，实施经济激励与声誉激励促进居民垃圾分类，构建促分类的友好型投放环境，降低居民对垃圾分类的抗拒与排斥，再通过各种渠道来增加居民对垃圾分类的认同，并将其写入村规民约，促进垃圾分类。

## 9.6　杭州市 L 物业公司主导的合作案例

在有物业管理的社区中，物业公司是生活垃圾分类管理责任人。物业公司不仅是政策落实的管理者，负责确保垃圾分类政策在社区内得到有效执行；还是居民分类与投放行为的督导者，通过指导和监督促进居民正确分类垃圾；同时，物业公司也是社区二次分类的实施者，对居民初步分类的垃圾进行进一步细分和处理；在某些情况下，物业公司甚至部分承担了居民垃圾分类的义务，以确保垃圾分类工作的顺利进行。尽管物业公司在垃圾分类管理中发挥着重要作用，但大多数物业公司仍然属于政策的被动执行者。这种被动性主要源于社区基层党组织的明确要求、社区居委会施加的压力，以及需要接受相关行政部门的监督与检查。例如，在上海市，各物业公司在垃圾分类方面的责任与执行情况须接受上海市房屋管理局的监管。杭州 L 物业主导的垃圾分类模式为这一领域带来了新的探索。作为阿拉善 SEE 生态协会的一个试点项目，该模式由物业公司主导，形成了“政府”“企业”与 NGO 社会组织三方共同参与的“政企社”合作模式，为垃圾分类管理提供了新的实践范例。

### 9.6.1 作为阿拉善 SEE 试点项目

阿拉善 SEE 生态协会，是以企业家为主体、以保护生态为目标、志于以企业家精神做公益的“中国本土最大的环保组织”。阿拉善 SEE “以企业家精神做公益”，在生态项目运行中秉持生态效益、经济效益和社会效益三者统一的价值观。对社区的垃圾分类推进与管理，旨在通过协调社区内外各方利益关系，形成解决社区环境问题的内生动力，实现社区可持续发展。

2018 年 10 月阿拉善 SEE 浙江项目中心正式成立，L 物业服务集团是创始会员之一。“垃圾分类”政策推行伊始，阿拉善 SEE 浙江项目就推动本地企业家探索解决垃圾分类难题。

### 9.6.2 项目试点阶段的推进过程

2019 年，L 物业服务集团选定浙江杭州 5 个小区作为试点推进垃圾分类工作，前往上海垃圾分类示范项目学习了解执行过程中因地制宜的实施方案。（1）参观学习。2019 年 3 月在阿拉善 SEE 项目中心的联络下，组织项目中心成员学习垃圾分类各类操作流程。（2）制定方案。2019 年 4 月确定五个试点小区，并委托第三方机构对该项目经理、五个试点小区的保洁主管进行培训。（3）确认实施阶段。2019 年 5 月就垃圾分类方案与业主委员会进行沟通，征求业主委员会、居委会意见。确定试点项目后，对垃圾分类的各个重要节点部署电子存档，将垃圾分类实施的责任进行划分。

### 9.6.3 项目实施的效果

2020 年 2 至 3 月在 A－E 五个小区开始部署准备，2020 年 4 月开始正式实施，至获取调研数据的 2020 年 11 月底，获得 L 物业提供的、对比期为 6 个月的数据，如表 9－1 所示。

**表 9－1　　　　　　　　L 物业五个小区的垃圾分类效果数据**

| 项目 | 分类前垃圾分类正确率（%） | 分类后业主源头投放准确率（%） | 二次分拣后的准确率（%） | 分拣前的桶数（桶/月） | 分拣后的桶数（桶/月） | 减桶数量（桶/月） | 每月减桶率（%） |
|---|---|---|---|---|---|---|---|
| 小区 A | 0 | 90 | 100 | 1884 | 450 | 1434 | 76.11 |
| 小区 B | 0 | 70 | 98 | 474 | 450 | 24 | 5.06 |
| 小区 C | 0 | 35 | 95 | 679 | 600 | 79 | 11.63 |
| 小区 D | 0 | 30 | 90 | 780 | 300 | 480 | 61.54 |
| 小区 E | 0 | 50 | 90 | 3514 | 2588 | 926 | 26.35 |
| 均值 | 0 | 55 | 94.6 | 1466.2 | 877.6 | 588.6 | 40.14 |

因为前期没有要求实施垃圾分类，物业公司在前期也没有垃圾分类正确率的数据，所以，都记为 0。需要指出的是，这种记法会夸大项目实施的有效性。项目实施后，5 个试点小区干湿垃圾投放平均准确率达从 0 提升至 55%。通过物业二次分拣后的干湿垃圾分类准确率达 94.6%，反映了物业公司在居民投放垃圾后面临较大的二次分拣量，实现业主源头 100% 的正确分类还有漫长的路要走。统计数据显示，小区 A 的业主源头分类投放准确率高达 90%，反映该小区居民垃圾分类参与率高、准确率高，减量率也最为显著。在入住户数整体不变的条件下，5 个试点小区在垃圾分类前，垃圾投放总额为 7331 桶/月，试点工作后垃圾投放减桶率达 40.14%。按杭州市 15 元/桶的市场清运价格计算，可节约 44139 元/月，显示垃圾减量工作有其经济价值。但"企业家精神做公益""商业向善"模式能否实现环保效益与运营成本的动态平衡，垃圾减量节约的清运成本能否大于物业的管理与人力投入，我们未能从 L 物业提供的数据中得到清晰答案。

### 9.6.4　模式的推广

从试点结果来看，L 物业公司服务于阿拉善 SEE 浙江项目中心的"多元共治——垃圾分类行动"取得了显著的成效。该公司不仅通过居委会、业委会动员了志愿者、社团积极分子以及热心业主积极参与垃圾分类行动，还在运行过程中得到了街道办、社区党组织、居委会的协同支持。

根据L物业公司提供的资料，该公司编制了《多元共治垃圾源头分类操作手册》，并在该集团全国范围内的其他分公司进行了推广实施。2022年4月，L服务集团对全国43个分公司的多元共治垃圾分类情况进行了全面调查。调查数据显示，L物业在全国范围内的31个分公司中，已有956个项目开展了垃圾分类工作。

### 9.6.5 L物业公司案例小结

选择L物业作为案例加以分析，是因为它展现了以项目为载体、企业为主导的，且具有盈利潜力的企业参与垃圾分类模式。然而，与社区或行政主导的模式相比，L物业的数据主要呈现了分类的效果，而垃圾分类的实施与运行过程、居民参与垃圾分类的行为则难以从数据获得观测。物业公司作为垃圾分类市场的重要力量，从长远来看，“看不见的手”能否引导垃圾分类自然而完美地发生，仍有待实践进一步检验。

L物业呈现了一种由物业主导的“政企社”共同推进的垃圾分类模式。这种物业主导、基于项目的垃圾分类模式具有利益驱动，其运行相比行政主导更为“自主”，所需的监管投入也更少。特别是，物业公司本身就是社区垃圾分类的管理责任人，当垃圾分类的“主导方”为物业公司时，整个运行模式将具有更强的执行力，管理成本也会更低。此外，阿拉善SEE作为一个享有盛誉的环保组织，拥有行业组织优势与资源优势，在环保领域拥有专业资源、社会信誉和组织管理经验等。作为阿拉善SEE浙江项目的创始会员代表，L物业能够有效连接杭州市环境卫生监管中心和环保非政府组织（NGO）成员。面对日益复杂的社区公共事务，任何单一治理主体都无法解决所有公共问题。无论是行政主导还是物业主导，或者未来发展出业主主导，“多元共治”能实现资源整合、优势互补，还能提高各方参与社区治理的积极性。

## 9.7 本章小结

本章在对我国垃圾分类实施的组织与法规要求深入理解的基础上，对四个典型案例进行了剖析。这四个案例分别是：具有开放型特征和“城中村”

特点的广州市白云区 H 街道、基于地缘业缘的封闭式管理社区——北京 J 小区、位于“城乡接合部”的青岛 C 街道，以及物业公司主导的“政企社”合作模式的 L 物业小区。

北京 J 小区，作为封闭型特征社区，除显著的行政主导和居民积极参与外，社区基层党组织在垃圾分类管理活动中发挥了重要的领导作用。特别是社区党委书记在社区活动中的高威信和强号召力，给人留下了深刻印象。J 小区是典型的熟人型社区，社区党委书记在此区任职已有多年。在垃圾分类的实施中，政策效果不错，长效机制尚在建立之中。

广州市白云区 H 街道，以其“城中村”特点和开放型社区特征，展现了街道与社区不是以“一时运动”的心态推动垃圾分类。每个阶段的优化都是针对前一阶段的痛点，体现了社区服务居民、街道统筹管理的特点。同时，这也体现了财政具有强大的资源投放能力，比如公交巴士、全域天眼等方法的创新和科技赋能的背后，都需要资金的支持。

青岛 C 街道的“城乡接合部”社区管理模式，虽然政策实施时间不长，但两年多的持续调研显示，该社区在党建引领、网格管理上强化了组织保障，主导力量强大且有保证。设计了经济激励与声誉激励来促进居民参与垃圾分类，“红黑榜”制度效果好。在细节上做好设计，降低了居民对垃圾分类的抗拒感。通过村规民约，进一步促进了垃圾分类的实施。这个案例与本书的理论研究内容高度契合，特别是经济激励方式、声誉激励的构建等方面。

L 物业模式，不同于前三个案例，它并不是从社区运行的视角来呈现如何促进垃圾分类的实践。在调研过程中，能获得的资料甚至比较粗略。但 L 物业为垃圾分类提供了另一条路径：探索物业公司或其他第三方是否能走一条属于“企业家精神”的公益路。在垃圾分类需要行政大力主导、财政大力投入、人员广泛动员的基础上，企业家引领的公益组织能否另辟蹊径，用市场力量让垃圾分类自然地、非强制地发生？L 物业似乎给出了一个方向，但我们目前还未能从中获得清晰的实现路径。

# 第10章

# 家庭参与垃圾强制分类的激励机制构建

在引言中对本书选题、研究对象、核心概念等给予了介绍，是全书阅读的导引。第2章、第3章、第4章构成研究主体的第一模块，为研究的主体内容提供了理论研究的脉络、垃圾分类政策的背景与变迁；第5章、第6章、第7章构成理论研究模块，对我国垃圾处理实施经济激励对垃圾减量效果的影响、在不同的社区场景下声誉激励对垃圾分类稳态的影响进行了分析。第三模块是实证分析，包括第8章与第9章，基于问卷检验了民众垃圾分类行为的影响因素，基于调研对我国城市生活垃圾强制分类在街道、社区的实施作了案例研究。第10章，则为全书的核心目的，即构建促进家庭参与垃圾强制分类的激励机制。

本章安排的逻辑如下，首先，分析我国垃圾分类政策效果及其背后的驱动因素，这是实施激励机制的现实起点；其次，分析我国垃圾分类政策体系三大分置的主体，此为激励机制设计的逻辑起点；再次，分析我国垃圾分类政策在推行过程中出现的“阻力点”；最后，构建家庭参与垃圾强制分类激励机制。

## 10.1 我国垃圾分类政策实施分析

### 10.1.1 我国推行垃圾分类的独特制度优势

生活垃圾强制分类政策自2019年7月1日起率先在上海落地实施，随后在全国范围内各级城市逐步推行。根据公开数据，我国的垃圾分类政策已取得显著成效，尤其体现在垃圾分类数据的“三升一降”上。在中国现行体制下，垃圾分类政策的实施具有以下几大优势：（1）高效的政策制定与执行机制：垃圾分类相关政策由中央政府层面统一领导和协调制定，确保了政策的高效执行。这种机制使得政策能够快速传导至地方，并得以迅速执行。在中国“压力传导型”的科层体制下，政府部门能够迅速行动，有效控制时间成本，确保政策尽快产生实效。（2）市政府统一决策与部署：各省市在推进垃圾分类时，均建立了由市政府统一部署管理的机制。以上海市为例，“市人民政府应当加强对本市生活垃圾管理工作的领导，建立生活垃圾管理工作综合协调机制，统筹协调生活垃圾管理工作”。这种统一部署与安排确保了政策从市级决策层面出发，在整体规划、目标设定、资源配置、部门合作与协调等方面得到全面保障，从而提高了政策的执行效果。（3）广泛的社会动员与基层党组织作用：垃圾分类工作需要深入每家每户，因此必须动员社区力量。在我国，通过党支部、党小组等基层党组织，政府的工作任务能够延伸至各个街道和社区居委会、村民委员会，为垃圾分类政策提供了细密的实施网络和有效通道。借此，政府能够进行广泛的社会动员，将社区中的相关方，包括社区党组织、居民委员会以及社会群体等，都纳入政策执行的范畴中。这种强大的社会动员能力使得政策能够得到社会各方面的广泛支持和配合，进而提升了政策的实施效果。

### 10.1.2　垃圾分类效果的指标

在评价政策实施效果时，宏观上常以社区垃圾分类的整体末端数据表示，也可以以垃圾分类的过程数据来分析。具体指标有：（1）垃圾分类知晓率，该指标通常是从调查问卷中获得，即知晓垃圾分类收集的人口数在参与调查总人口数的占比。（2）垃圾分类参与率，该指标也常通过调查获得，即为居民参与垃圾分类的人口数（或户数）在评价范围内居民总人口数（或总户数）的比率。（3）居民满意度，这也基于问卷调查获得。如上海市生活垃圾分类减量推进工作联席会议办公室 2023 年 5 月委托媒体面向市民进行问卷调查，邀请市民对“垃圾分类工作满意度”进行评价。这个指标偏感性，是市民对垃圾分类工作的一个整体性评价，但实际上未对例如自己家庭垃圾分类的投入或结果进行评价，也未对社区垃圾分类效果评价，评价结果不甚清晰。(4) 厨余分出率，即厨余垃圾量在垃圾总投放量的占比。目前我国垃圾分类，无论是上海分法，还是北京、广州的分类方法，厨余垃圾是四种分类之一。原因在于，我国城市生活垃圾中厨余垃圾在总量中占60%左右，厨余垃圾若能完全分离出来，经过高温堆肥的方式处理，经历两至三个月可实现资源化，因此厨余垃圾分离率高，会减少后期需要填埋或焚烧的垃圾量。(5) 垃圾资源化率，即厨余垃圾（或者湿垃圾）与可回收垃圾之和在总垃圾量的占比。这一指标体现出垃圾的资源化程度，也可以反映需要进入最终焚烧或填埋的垃圾的比率。通常，垃圾分类完成度越好，垃圾的资源化率越高。(6) 厨余垃圾纯净度，在厨余垃圾回收与处理中，厨余通常为可通过堆肥转化动植物残余。在厨余垃圾投放过程，常发现厨余垃圾还夹杂着塑料袋、纸巾、牙签、易拉罐、玻璃瓶等易在厨房出现，却不能“堆肥转化”的垃圾，这就需要二次分拣。因此，厨余垃圾纯净度，通常是“植桶”者在督导垃圾分类时给出的直观评价指标。(7) 有害垃圾回收量。对于一个人口规模保持一定的社区，在垃圾分类得到有效执行时，有害垃圾回收量会增加。

在垃圾分类政策的推行与效果评估中，数据获取是一大挑战。对于厨余垃圾数据的获取，像广州市在处理厨余垃圾时，会通过过磅来准确计量其重量，从而获得较为精确的数据。而对于可回收垃圾数据的获取，尤其是高价值的可回收物数据，通常依赖于供销社的废品回收数据。至于分类知晓率、参与率以及居民满意度的数据，则可以通过入户宣传与让居民填写调查表的方式来获得。通过这些方法，我们可以提高分类知晓率、参与率以及居民满意度等数据的准确性和可靠性。

### 10.1.3 垃圾分类政策实施效果的“官宣”

如前所述，垃圾分类效果的指标，常用到七种，前三种是基于问卷，后四种是基于计量，但因为过程烦琐，数据难以清晰准确地计得。以上海正式实施强制分类的2019年7月1日开始计，我国居民生活垃圾强制分类实施至今已有四年多时间。此后各省（区、市）逐步实施强制分类，时间略有先后。关于我国生活垃圾强制分类的效果，通过公开媒体、统计数据、论坛交流等多种渠道公布的多个城市、城市内行政区、街道与社区的数据，都显示垃圾分类政策实施行之有效。如在第 8 章的调研案例中，青岛市的 C 街道、北京市海淀区的 J 社区的整体数据，都是垃圾分类政策行之有效的有力证据。

现阶段生活垃圾强制分类实施效果较好，可从以下两个方面获得解释。（1）政府强力推动，确有实效。我国垃圾分类实施这几年来，正是全国加强生态文明建设的阶段，我国各级政府，从中央的顶层设计、制度供给到因地制宜制定地方性法规，建立了完善的法律法规体系。这一阶段是我国垃圾分类政策的强力导入与实行期，各级党组织、各级政府直到社区党委、街道办等各层级在垃圾分类管理工作中都有明确的工作任务。因此，在政府强力主导与推进的环境下，我国的垃圾分类确有实效。（2）垃圾分类的数据都是由该政策推行者来提供，可能存在申报偏高，例如，物业公司、社区志愿者、街道办城管科等。他们主观上对垃圾分类政策效果有积极向好的期待，申报垃圾分类指标时，存在将难以清晰统计的垃圾分类数据在估值时往较高值申报的可能。如上海市在评价垃圾分类效果时，还存在行政区之间的“锦标赛”，为争得荣誉各区更有虚报分类效果的利益驱动。

### 10.1.4　垃圾分类政策实施效果的“民意”

除了审视社会整体垃圾分类的政策数据外，我们还可以通过问卷调查和社会调研来获取第一手信息与数据，从而详细描绘垃圾分类行为在社区层面的实施状况。垃圾分类的主体是家庭，它们是构成社会的最小单元。唯有家庭能够广泛且持续地有效参与垃圾分类，我们才能促使垃圾分类从依赖监督执行逐渐转变为自发的行为，并最终内化为社会规范。这一过程的难度体现在三个方面：首先，需要家庭的广泛参与，即参与的普遍性；其次，要求持久性，即家庭需要长期坚持垃圾分类；最后，则是有效性，即垃圾分类需要准确无误地实施，这对家庭的垃圾分类与投放提出了更高的要求。

因此，在评估我国垃圾分类政策的实施效果时，虽然整体统计数据的重要性不容忽视，但更为关键的是考察家庭的参与度以及民众在分类与投放行为上的改变。在第 6 章和第 7 章的实证研究中发现，在开放型社区实施强规制时，如果人们仅基于经济因素作出决策，那么违规投放很可能会成为社区居民的稳态行为。而在第 8 章中，我们通过问卷调查获取数据进行的实证分析揭示了一个现实：“知易行难”确实存在。即便在整体数据显示垃圾分类实施效果良好的城市，通过实地调研和居民访谈，我们发现虽然整体知晓率不错，部分民众也被动员起来，但仍不乏态度漠然和预期消极的居民，整体参与热度尚未达到理想状态。

在本书的研究过程中发现，垃圾分类政策效果存在“官宣”与“民意”之间存在偏差。因此，构建促进家庭参与垃圾分类的激励机制至关重要。其中，关键主体是家庭，它们是需要激励的对象；垃圾分类行为则是研究的重点。如何促进家庭在垃圾分类行为上的改变，并考虑社区这一场域的影响，将是后文要深入探讨的内容。

## 10.2　垃圾分类的关键主体

### 10.2.1　家庭是垃圾分类投放的责任主体

依照居民生活垃圾分类的法律法规，家庭被明确界定为受规制的对象。一方面，它作为生活垃圾的主要制造者，家庭依据“污染者付费”的基本原则，应当承担起垃圾分类的重要职责。另一方面，唯有家庭的垃圾分类行为发生实质性的改变，这一政策方能真正取得实效。

垃圾分类行为本质上是一种亲社会行为，即人们通过自身活动努力降低对生态环境的负面影响。从行为发生的场景及其对外界的影响来看，家庭的垃圾分类与投放可以进一步细分为公域亲环境行为和私域亲环境行为。其中，“在家分好类”这一家庭垃圾分类环节，显然属于私域亲环境行为的范畴，其实施过程主要在私人领域进行；而“定时拎下楼，分类精准投”则属于公域亲环境行为。

在家庭进行垃圾分类行为的选择时，家庭既扮演了经济人的角色，也体现了社会人的属性。作为经济人，家庭在面临垃圾分类的强制规制时，其行为往往是基于成本收益分析而做出的，因此会受到经济激励的显著影响。同时，家庭作为社会人，其垃圾分类与投放行为是在社会网络的大背景下进行的，因此在社区中会受到包括环境道德与声誉激励在内的隐性约束。此外，社区的文化、管理方式和居民构成等特质也会对家庭的垃圾分类行为产生影响。

### 10.2.2　社区是垃圾分类政策推行的现实主体

在我国垃圾分类政策的实际推行过程中，市级政府颁布垃圾分类条例，与区级政府共同扮演了垃圾分类的规制者角色。家庭在此过程中相对被动，作为被规制者和被督导者存在。在垃圾分类的相关参与者中，社区、物业、社会组织等各方活动的着力点几乎都集中在家庭上，旨在激发和引导家庭的分类行为。在垃圾分类政策推行的整个链条中，社区实际上成为现实的"主推"力量。社区对上承接街道办城管科的要求，接受街道办的指导与领导；对内则利用社区居民委员会、社区业主委员会、社区基层党组织等资源，并代表业主遴选物业公司、动员社区志愿者、链接社会组织与专业第三方等，形成多方协同的工作机制。

从对上海、杭州、长沙、绍兴、青岛、广州等地的实地调研来看，社区确实是我国现行垃圾分类政策推行的现实主体。在调研过程中，笔者访谈了多位垃圾分类领域的"从业者"，包括热心垃圾分类工作的非政府组织工作人员、物业公司经理、街道的垃圾分类管理专员、社区工作者等。有趣的是，在不同城市和社区的走访中，笔者发现，对垃圾分类实施了解最全面、分享信息最具细节的，几乎无一例外是社区工作人员，尤其是社区党委书记或党总支书记。这也进一步证明了社区在垃圾分类政策推行中的现实主体地位。

### 10.2.3　物业公司是实行垃圾分类管理的责任人

街道办对社区推行垃圾分类工作进行"指导"，这一指导过程由社区居委会等组织具体落实。在社区运行层面，物业公司受业主聘用，与业主委员会之间形成了委托代理关系。因此，在社区垃圾分类工作中，物业公司承担着实行生活垃圾分类管理的责任人角色。

物业公司的保洁人员，在垃圾分类工作中扮演着双重角色：他们既是居民垃圾分类的指引者，负责向居民传授正确的分类知识；又是垃圾分类的督导者，确保分类工作的有效进行。然而，由于物业与业主之间存在基于聘用的契约关系，物业公司的职责除了公共领域的管理外，主要还是向小区居民提供物业服务。这种物业公司与业主的关系，在垃圾分类工作上也得到了体现。例如，除了志愿者外，物业公司的保洁员是负责“站桶值桶”的常备力量，他们负责在社区范围内进行垃圾的清运工作。在“站桶值桶”时，如果居民未能正确分类垃圾，保洁员会给予指引，并在必要时进行第二次分拣。

对家庭所产生的垃圾进行“正确分类”是居民的义务。但调研发现，有些社区有近六成的居民在家中没有做好分类工作。到了社区的垃圾投放环节，“正确分类”所带来的额外工作经常被转嫁给物业公司。当保洁员对居民的行为进行督导时，相当一部分居民认为，“物业公司收取了我们的物业管理费，那么你们就应该为垃圾分类与清运提供服务，否则就是你们的工作没做好”。这种观念实质上是将垃圾分类的家庭责任转嫁给了物业公司，这无助于培养居民的垃圾分类行为习惯。

## 10.3　垃圾分类政策实施的“阻力点”分析

如果垃圾分类政策的实施效果并非源自家庭垃圾分类行为的自发性改变，而是单纯依赖于从上至下的政策压力传导，那么这一政策的推行链条势必会遇到阻碍，无法顺畅运行。为了找到促进家庭积极参与垃圾分类的有效激励机制，我们必须基于前文的深入分析，准确识别垃圾分类政策推行过程中的“阻力点”。只有这样，我们才能在后文中设计出精准施策的激励机制，确保垃圾分类政策能够真正落地生根，取得实效。

### 10.3.1　我国垃圾分类政策推行链

根据课题组的调研、对垃圾分类政策的梳理分析，我国垃圾分类政策的推行机制可表示为图 10－1，全图主体为从中央、地方、社区直到家庭的政府推行链。图中左侧区域，为从人大、国务院到中央相关部委的立法，再到各省市政府为进一步因地制宜地推进垃圾分类而制定的地方性法规。

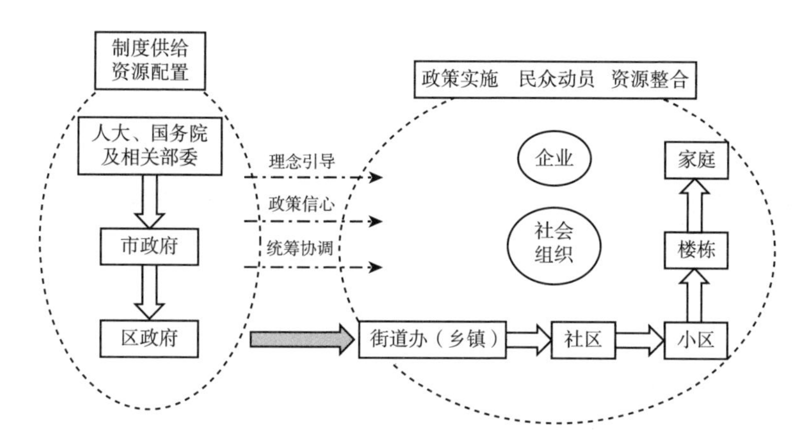


**图 10－1　我国垃圾分类政策推行链**

资料来源：笔者绘制。

左侧框架内的“主角”为“政府”，通过中央定调，人大立法，国务院及相关部委分别进行法规、媒体引导，市级政府根据本地情况、因地制宜地制定适应性、针对性法规，在市、区两级从全域协调、财政补贴、用地支持等资源配置方面提供政策倾斜。街道办（乡镇）→社区→小区→楼栋→家庭，为我国垃圾分类的政策实施链。街道办，是我国在城市行政区的基层行政机构，它负责辖区内的垃圾分类管理工作。经街道办安排，由街道办的城管科布置到社区；有些社区由若干的小区构成，有些社区由一个大型的小区组成。从街道办，到社区、小区，再到楼栋，其目标主体是家庭。街道、社区组织通过在小区范围内进行宣讲动员等，最终促进家庭的垃圾分类行为，进而实现垃圾减量的效果。在实施环节，街道办、社区或者居委会，通常会引进公司，为社区服务提供专业服务，如物业服务、垃圾清运等，和社会组织合作对居民垃圾分类进行培训等。

## 10. 3. 2　垃圾分类行为的影响因素

在第 8 章，我们通过问卷调查、实证检验分析了垃圾分类行为的影响因素。研究发现：(1) 行为态度与分类行为的背离：民众尽管在态度上认同垃圾分类的重要性，但它并不必然导致实际的垃圾分类行为。理解垃圾分类的“宏大意义”，但这并不足以促使民众切实地执行分类行为。(2) 垃圾分类知识掌握程度影响分类行为。垃圾分类知识的知晓、熟练与掌握，对于推进垃圾分类行为具有积极作用。(3) 在考察行为规范对分类行为的影响时，发现群体与环境的外在影响显著。家人的影响已经内化为个人的行为规范，更多地表现为内在的影响。(4) 奖惩有效，民众会根据规制调整行为，仅仅倡导难以影响行为。当被规制对象真切感受到规制实施的力度时，他们会据此调整自己的分类行为。若仅仅停留在倡导层面，将难以通过“主观规范”来有效影响垃圾分类行为。(5) 对生活垃圾实施“按量计费”制度，在理论上被认为是完美的，且在国际上被广泛采用。该制度能够对公民的垃圾分类行为产生教育效应。我国居民对“按量收费”这一政策的态度，并未获得清晰的支持结果。

### 10.3.3 社区类型影响垃圾分类行为

我国城市社区可分为开放型社区和封闭型社区。在不同的社区环境中，强规制实施的效果是不同的。(1) 强规制的垃圾分类政策在封闭型社区的实施效果较好。强规制背景下居民可实施垃圾的有效分类，零违规投放在一定时间（仿真显示约为 4 期）后可演化成为稳态。在开放式社区，随着时间演化，在较长时间后（仿真显示约为 10 期），违规投放成了居民的普遍选择。(2) 如果增加垃圾分类的种类、提高垃圾分类的精细化要求等，即提高垃圾分类的成本，在开放式社区会更快地演化到违规投放比率为 1 的稳态；在封闭式社区，达到违规投放比率为 0 的稳态时间要明显变长。在其他条件不变的情况下，提高环境效用的赋值、在收入水平高的社区，显然更能抑制违规投放的发生。(3) 实施经济激励后，在封闭式小区实施抽检—罚款能让小区的垃圾分类在更快的时间达到“完美投放”的状态。而在开放式社区中，较强的经济激励都难以改变其违规投放率为 1 的稳态结果。(4) 在开放型社区，当包括道德约束与声誉激励在内的隐性约束增强到一定程度，社区内的垃圾违规投放逐步可控；当隐性约束持续增强，违规投放概率更低。当内在强化道德、外在强化规制，即抽检—罚款与道德约束共同作用时，开放式社区的垃圾分类能达到低违规投放率的理想状态。

## 10.4　促进家庭参与垃圾分类的激励机制设计

在前文的基础上本节构建家庭参与垃圾分类的激励机制。在前文理论与实证分析的基础上，对我国垃圾分类政策施行的效果、减量的原因、政策实施的阶段、政策实施的阻力等作出判断。政策实行现状是激励机制构建的现实起点，政策工具是激励机制的备用工具箱，中国特色的体制与社区环境分析是激励作用的特定环境。

### 10.4.1　我国垃圾分类政策实施逻辑

家庭是我国居民生活垃圾分类政策推行的关键主体，社区是家庭实施垃圾分类的场域。在社区之外，则是政府、企业、社会组织共同提供的垃圾分类大环境，分别代表供给制度的政府之手、供给产品与服务的市场之手，以及能弥补政府与市场功能不足的社区组织。因此，可以将垃圾分类政策如何自上至下层层传导，表示为如图 10 – 1 所示的垃圾分类政策推行链。若将图 10 – 1 的传递链简化为三层，则可以表示为图 10 – 2，即我国垃圾分类政策推行层。

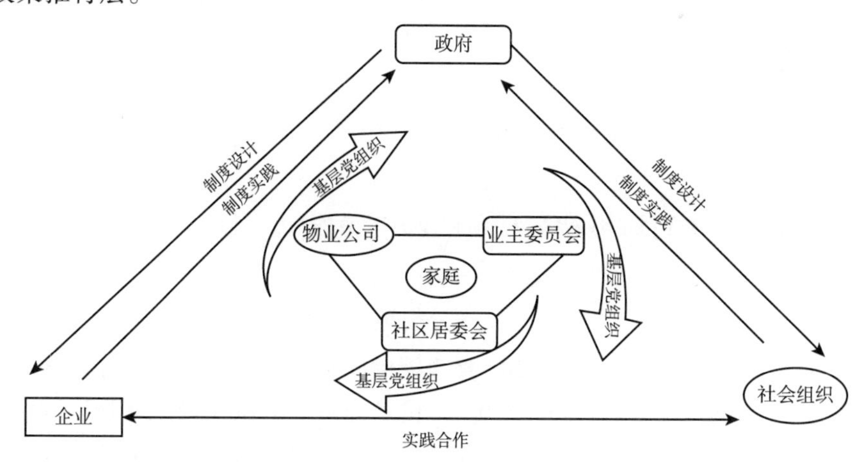


**图 10 – 2　我国垃圾分类政策推行层**

资料来源：笔者绘制。

图10－2所示，最外层由政府、企业、社会组织三方构成。中间层为社区层，由社区治理中的“三驾马车”，即社区居委会、业主委员会和物业公司构成。在社区这一层，形成以基层党组织为领导核心，“三驾马车”以及社会组织、第三方公司、居民多方共同参与的机制。推动家庭参与垃圾分类，家庭是政策实施的核心，家庭垃圾分类行为的实施直接关系到政策实施的效果，正如图10－2所示，家庭处在层层包裹的图之核心。由政策发动层，到社区驱动层，家庭是政策实施最难抵达并真正改变的垃圾分类行为层。政策发动层与社区驱动层之间是基层党组织，如《上海垃圾分类管理规定》所要求的，在社区推进生活垃圾管理工作，要建立以居民区或村的党组织为领导核心，居（村）委会、业主委员会、物业公司、家庭等共同参与的工作机制。

我国现阶段垃圾分类政策实施的效果，从多方公布的数据来看，效果是明显的。根据调研与实证分析，可得到以下结论：首先，政策触发层是强有力的，我国政策供给、制度配套、媒体宣传力度都是足够的。其次，我国的社区驱动层处于外热内温的状态。“外热”，是指与社区垃圾分类对接的是街道办城市管理科，社区接受街道办的工作指导，也是接受街道办的“领导”。在社区内部，社区居委会、业主委员会和物业公司形成促进垃圾分类的执行力量。“内温”是指居民对执行垃圾分类有行动，但积极主动性不强。因此，垃圾分类政策要形成长效机制，而非一阵“运动风”，必须以激励家庭有效、广泛、持久参与垃圾分类为目标。因此，构建促进家庭有效参与垃圾分类的激励机制是基于上述分析。面对“垃圾围城”，推进垃圾分类政策可用的工具有权威性工具、经济性工具和社会性工具。

### 10.4.2 实行垃圾按量计费的经济激励

北京市、上海市、广州市在垃圾分类地方性法规的“总则”中，均提出要逐步建立起与垃圾强制分类相配套的按量计费制度。实施按量计费就是以经济为杠杆撬动居民行为的改变。实施按量计费的激励机制，就是让垃圾付费与垃圾处理的成本挂钩。（1）分类计价。对于难处理、未分类的混合垃圾实施高单价，因为厨余垃圾中如果夹有厨房垃圾中常见的塑料、纸巾、牙签，会大大提高厨余垃圾的处理难度。对分类垃圾可实施不收费，或实施低单价，如对于纯净度 95% 以上的厨余垃圾实施不收费。（2）按量计费。按“多产生多付费”的原则，居民须按照所投放垃圾的重量或者体积来支付垃圾处理费用。（3）收缴便利。城市居民生活垃圾按量计费之所以在实施中一再推迟，是因为按量计费的收缴实施困难，收缴的行政成本过高。尤其是，垃圾在投放时，它可能是有异味的、在投放的“计量”环节会给人带来不适感。在机器人广泛运用的今天，机器人执行按量计费制度能减少人力成本和提高工作效率。（4）经济激励。如今在高校校园、居民小区实施的投放垃圾得积分，以积分换取日用品、学习用品等，这也可以归为经济激励。积分可兑换居民的日常所需的日用品，或者兑换大学生所需的舒适独立的学习室时长，其激励效果会好于金钱激励。

### 10.4.3　营建线上社区以强化声誉激励

对于开放式社区，可通过“微信群”“社区公众号”等增强社区内居民的信息共享、增多邻里之间的社交互动，提高社区人际关系的黏性。营建线上社区有助于改变开放型社区约束力量不足的情况，能强化声誉激励机制，有助于垃圾分类的推行。开放式社区垃圾分类实施效果不被看好，在第 7 章的博弈与仿真的理论研究中也得到验证，主要是因为开放式社区居民流动性强、邻里互动相对少。与封闭型社区相比，开放式社区更偏向于“陌生人社会”。在信息技术高度发达的如今，通过构建线上社区来弥补线下人际关系的疏离，以线上联结推动线下互动。当建成“熟人型”社区网络，如逃避个人责任、违规投放垃圾等机会主义行为，因为邻里之间互动增强，则由少次博弈转变为多次博弈，违规投放等投机行为会得到极大的遏制。尤其都市人生活节奏快、工作压力大、邻里关系疏离，构建起线上社区既能推进解决垃圾分类等公共卫生问题，又能给社区居民以“家园”的归属感，更能提升居民对社区的情感，提升居民在社区事务中的主人翁精神。

### 10.4.4　对家庭人口有针对性地加以垃圾分类的教育

针对垃圾分类的教育须因材施教，结合实践，形成全面的宣传教育体系。（1）对幼儿园、小中阶段的学生，应重视校园的环境教育。在幼儿园、小学早期阶段强化环境价值理念的根植，在小学高年级、中学阶段严格培养垃圾分类行为习惯。当垃圾分类行为成为民众生活习惯，当垃圾分类政府规章成为居民的行为规范，这种生活习惯、行为规范就会实现代际传递。（2）对于大学生，他们对垃圾分类已有正确的认知，但较大程度也停留在“知”，行为态度难以落实为“行动”。促进大学生垃圾分类行为转变，可以组织引导大学生参加相关社会实践，如站桶志愿者活动等。（3）在垃圾分类进社区的教育方面，首先，要将原来宏大的认知教育转向微观、具体的行为引导，提高居民垃圾分类的技能，例如分享分类小妙招、闲置物交换等；其次，可以通过社会场景，如参观分类运输、分类处置等工作场景，让居民从整个垃圾分类处置链的角度来认识自己的分类行为，以更深刻更具体的认知促进他们行为的转变。（4）在各种媒体上的广告投放，在居民区的垃圾分类点配备宣传栏、悬挂宣传横幅等，形成对垃圾分类的宣传教育。一是民众需要通过大力的宣传教育看到执行政策的信心；二是通过各类媒体对垃圾分类的宣传，形成对整个社会的一种理念引导。

### 10.4.5 负激励是约束违规投放的必要工具

我国目前实施强制分类，应该还处在政策的导入期。政府也考虑到社区的多样性，民众遵从度差别大，因此多以表彰、奖励的方式进行鼓励。北京市、上海市、广州市三地在管理制度上都强调“物业公司是垃圾分类投放管理责任人”。以北京市为例，第一，物业公司工作人员在“站桶值桶”过程发现违规投放的情况要“加以劝阻”；第二，“对拒不听从劝阻的”，物业公司人员应向有执法权的城市管理综合执法部门报告，由后者给予书面警告；第三，对再次违反规定的，“处五十元以上二百元以下罚款”。显然，违规投放的居民被实施罚款的负激励，有几个条件：（1）在至少有三次且被物业公司工作人员“看见”的条件下，居民才有可能面临“罚款”。（2）实施罚款的执法人员必须是具有执法权的城市管理综合执法部门，这里会需要物业向城管报告，城管对居民给予书面警告。书面警告，可视为负激励。（3）被书面警告后再次违规投放，将面临行政罚款。物业“植桶”的严格程度决定了违规投放被发现的概率，事实上“定点定时”投放，使得物业人员在垃圾投放时间段“值桶守桶”时，难以有足够的时间检查居民所投放垃圾的准确性。总体来看，对民众未能准确分类的违规投放，“负激励”概率低且力度小。尤其是，与北京相比，广州与上海在各自的城市生活垃圾管理条例中的规定显得更为宽松，如给予“罚款”或“批评教育”“责令改正”。

北京 J 小区与广州市 H 街道通过设立“红黑榜”的方式，对精准投放家庭进行表彰，对违规投放家庭进行警示。这种“警示”是对违规投放的“负激励”。尽管这一做法仅涉及“结果公示”，并未附加行政罚款，但其激励效果颇为显著。政府在政策实施的初期采取这种相对“宽松”的策略，主要是出于两方面的考虑：一是鉴于政策正处于导入阶段，需要给予居民充分的学习与适应时间；二是为地方各级行政部门提供数据收集与分析的机会，以便为后续的严格执法创造有利条件。

然而，必须认识到，当前这种宽松执法的状态不能长久维持，否则可能会让民众对垃圾分类政策产生“说一套做一套”的误解。这种错误观念一旦形成，将难以纠正，并可能诱发更多民众的机会主义行为。因此，为了确保垃圾分类政策的有效执行，行政罚款应当切实落实，以形成对违规投放行为的必要约束。随着数字时代的到来，数字基础设施的全面建设，大数据的生成、提取与处理能力也在不断提升，将极大地降低规制的执行成本，解决垃圾分类的激励与约束问题。

## 10.5　本章小结

2019 年 7 月正式实施生活垃圾强制分类以来，公开的数据显示垃圾分类政策已取得明显的效果。究其原因，一是我国垃圾分类现阶段为政府大力推进的政策导入期，在顶层设计、资源倾斜、各方参与下构成促进垃圾分类的合力；二是我国基层党组织拥有广泛的覆盖面和严密的管理网络，推进社区治理工作具有得天独厚的优势。但根据笔者的问卷调查与社区调研，居民整体行为虽然有改变，但从程度与力度上来看，尚未形成实质性变化。这种“官宣”与“民意”的偏离，提示了我国垃圾分类政策“外热内温”的效果，背后是居民行为的惯性。

垃圾分类推行的“外热内温”是促进家庭参与垃圾分类激励机制设计的现实起点。再看我国的垃圾分类政策的制度设计与实施，家庭是生活垃圾的产生者，它是垃圾分类投放的责任主体，物业服务公司是生活垃圾分类投放管理责任人，社区（由社区党组织领导的社区居委会、业主委员会、物业公司等形成的体系）是垃圾分类投放的现实主体，三个“主体”的分置反映了社区垃圾分类的管理逻辑。通过理论分析、基于问卷调查的实证检验以及社区调研发现，垃圾分类政策在从政府至家庭的推行过程中有多个“阻力因素”，如垃圾分类行为受多种因素影响、不同的社区类型下垃圾分类行为演化结果、激励机制效果不同等。

在分析上述分类政策效果现实起点、政策实施逻辑起点与政策推行“阻力点”的基础上，落实垃圾计量收费，对家庭投放垃圾实施经济激励，增强家庭自主分类减量的动力；借助互联网营建线上社区，构成对线下社区弱约束力的补充，强化声誉激励，可减少社区内违规投放等机会主义行为；对家庭的不同人口有针对性地加以垃圾分类的教育，来增进认知、提高分类技能、促进分类行为改变。声誉激励具有正负向，经济激励亦然。对违规投放实施抽检—罚款，落实行政罚款是约束违规投放的必要工具。在科技创新环卫现代化的今天，人工智能与大数据应用有助于解决生活垃圾按量计费、垃圾投放的抽检因执行成本过高而致的困难。

# 第11章

# 结论与政策建议

我国垃圾分类从前期的教育倡导阶段，到现在政府规制逐渐转强，垃圾分类政策初见成效，实际是人的行为习惯改变的问题，是社会现代化治理的问题。它是一个潜移默化、缓慢变化的过程。垃圾分类要内化为个人习惯与社会规范，这一转变过程仍任重道远。在实践和操作层面，既需要宏大的支持体系，又需要琐碎而具体地实施。现阶段我国社区垃圾分类实施几个月即见明显的效果，我们不应将其理解为我国的垃圾分类政策已成功实行。在行政主导大投入、物业强托底、各社会组织积极帮扶下，短期内收到立竿见影的效果确有可能。但没有家庭广泛而持久的参与，没有居民行为的改变，就无法形成垃圾分类的长效机制。到2025年实现全国城市生活垃圾回收利用率达到35%的目标，既需要民众踏实坚持，也需要政策上建立起促进家庭有效参与垃圾分类的激励机制。

## 11.1 本书结论

无论实施强制分类还是按量计费，也许在政府主导、物业大力托举、各社会组织积极帮扶下，短期内可能会收到立竿见影的效果。但如果没有家庭广泛而持久地有效参与垃圾分类，就无法形成一个垃圾分类的长效机制。因此，要真正实施垃圾分类，必须是居民行为的改变。因此本书就探讨如何激励家庭有效参与垃圾分类。

### 11.1.1　按量计费是强制分类的配套政策

自上海 2019 年 7 月 1 日对城市居民生活垃圾实施强制分类，标志着我国垃圾处理正式进入强规制阶段，家庭需要承担垃圾分类投放的责任，家庭参与垃圾分类由原来的“倡导”转变为“强制”。截至 2023 年 6 月，已有 120 个城市颁布地方性法规推进居民生活垃圾强制分类。我国对单位产生的生活垃圾早已实施按量计费，但对居民的生活垃圾收费，没有一个城市是严格意义上的按量计费。我国目前有深圳市、东莞市、合肥市等少量城市以“用水消费量折算系数法”来缴纳垃圾处理费，不再是每个月或每年的固定费率。因为这些城市垃圾费水平与居民投放垃圾量没有关联，垃圾收费水平对居民垃圾分类行为不会产生影响。因此，目前为止我国城市生活垃圾费按量计费没有正式实施。在我国上位法的要求下，“完善按量计费、多污染多收费的政策”已体现在北京市、上海市与广州市等市推进垃圾分类的地方性法规中。可以预见，实施按量计费将是我国提高垃圾分类规制强度的下一步政策措施，“计量收费、分类计价、易于收缴的生活垃圾处理收费制度”可能已在路上。

### 11.1.2　按量计费是合适的经济激励手段

对垃圾分类实施经济激励，具体形式有三个：对投放垃圾实施按量计费、对低估值回收物实施回收补贴、对违规投放采取抽检—罚款的方式。其中，在给定工资水平与物价水平条件下，家庭面临时间约束、收入约束条件，在效用最大化的目标函数下，按量计费或回收补贴这两种经济激励的实施，会导致家庭改变在垃圾分类上的时间投入决策，进而影响家庭环节的垃圾回收量与垃圾抛投量。静态来看，回收补贴这一激励形式有更好的“性价比”。按量计费有执行时监督成本高的缺点。长远看，按量计费从政策上可构成对民众的环境教育，促进居民的绿色消费行为，倒逼企业绿色生产。因此，从长计议按量计费是更合适的经济激励手段。

### 11.1.3　社区类型影响分类投放效果

社区是我国城市生活垃圾分类的重要场域，社区的环境、邻里互动频率直接影响居民垃圾分类。邻里垃圾分类行为是共同作用相互影响的，这种相互作用可借助演化博弈分析方法来分析，实施强制分类在两类社区演化的稳态结果完全不同：封闭型社区经历一段时间，分类习惯会形成，社区无违规投放；而开放型社区经历长时间的演化，逃避分类、违规投放会成为普遍选择。在两种社区环境下，促进居民参与强制分类，基于抽检—罚款的经济激励能促进封闭式社区更快地达到“完美分类、洁净小区”的稳态，但对开放式社区消极分类、违规投放的演化方向难以扭转。居民收入水平的高低、对洁净环境效用赋值的大小只能改变上述两个社区达到稳态的速度，不能改变稳态的最终结果。

### 11.1.4　强化声誉激励与道德约束，开放型社区也有光明前景

人是经济人，也是社会人。人在决策中会同时受到经济与非经济因素的影响。邻里间的声誉激励、民众内心的环境道德是影响居民参与垃圾分类的另一种力量。社区融合背景下居民内心的道德、外在的声誉会构成行为的隐性约束。它改变居民的效用函数、演化博弈的收益矩阵，并最终影响社区内垃圾投放的稳态。仿真图展示，在经济激励与声誉激励的共同作用下，开放型社区在相对长的时间内亦能达到有效分类、违规投放收敛的稳态结果。这一理论推演，给我国城市大量松散居民区、“城中村”等展现了强制分类下“有效参与有序投放”的光明前景。

### 11.1.5　垃圾分类现阶段是“外热内温”

针对广州市高校学生的 1155 份有效调查问卷，利用结构方程模型对其数据进行分析，研究发现环境行为中的“知行不一”，在大学生垃圾分类行为中显著存在；内心的规范对垃圾分类行为影响小，室友群体的行为构成个人分类行为的较大因素。学校对分类行为的奖惩机制最能改变分类行为。以高校学生为样本的研究，因为其样本群体的特征，实证结果应好于针对全体居民的样本研究。反映出垃圾分类政策对个体行为改变还未形成显著的作用力。这一结论与社区调研结论吻合。我国垃圾分类现阶段是行政主导多方跟进，各级政府纳入日常考核体系，多种渠道各类宣传力度大，很多社区也确

实有漂亮的分类数据。但这些垃圾分类政策推行效果依赖于党建引领、社区的强力驱动与托底，如物业实施二次分拣提高厨余垃圾准确率等。而民众认识的改变、行为的转变在缓慢启动中，“外热内温”是我国现阶段垃圾分类政策的现状。

### 11.1.6 社区是垃圾分类政策推行的事实主体

本书在法规分析与社区调研的基础上发现，居民是垃圾分类的责任主体，小区制社区物业公司是管理责任人（对业主自有房，如“城中村”的农民房，业主是管理责任人），而社区是政策执行的事实主体。此时的“社区”，既有地域属性，也有行政属性。社区基层党组织领导的“社区居委会、社区业委会和物业公司”构成“三驾马车”，社区基层党组织是那个驱车手。我国现阶段垃圾分类政策实施力度大，由各街道、社区甚至区级政府提供的数据减量效果确实明显，数据整体可信。开放型特征社区广州市白云区H街道、封闭型特征社区北京J小区、“城乡接合部”特征社区青岛C街道，这三个社区的垃圾分类机制各有特点，共同点是：党建引领、因地制宜、资源整合、多元共治。

### 11.1.7 构建促进居民参与分类的激励机制

作为激励机制构建的基石，对现有分类政策的实施效果进行准确评估至关重要。这包括了解政策的梳理、居民对规制的反应、居民的有效参与度的影响因素、政策实施的效果、政策推行的“阻力点”分析等，从而为激励机制的设计提供实证基础与逻辑起点。激励机制构建包括经济激励和声誉激励，而数字技术的应用会显著提升传统激励方式的有效性。

本书构建了促进居民参与强制分类的激励机制：经济激励，一方面，是通过按量计费的方式，直接关联居民垃圾产生量与费用支出，激发居民减少垃圾产生和自主分类的积极性。另一方面，对不按规定分类投放的行为实施抽检并罚款，形成经济上的负向激励。声誉激励则通过加强线上社区建设和正负向激励结合来实施。利用互联网平台建立线上社区，增强居民社区归属感。既表彰分类优秀的个人或家庭，又对违规行为进行适当公示，平衡正负向激励，促进良好分类氛围的形成。此外，根据不同人群的特点和需求，设计差异化的环境教育内容，提升公众对垃圾分类重要性的认识，传授分类知识和技巧，促进行为习惯的改变。运用AI技术和大数据分析，可以精准计量垃圾量，优化计费系统，同时监控垃圾投放行为，及时发现并处理违规行为，提高管理效率和准确性（刘曼琴等，2024）。

综上所述，构建促进居民参与强制分类的激励机制是一个系统工程，需要经济、声誉、教育、科技等多方面措施的综合运用，同时紧密结合政策实施的实际情况，不断调整优化，以实现垃圾分类的长效管理和社会的可持续发展。

## 11.2　政策建议

### 11.2.1　推行垃圾投放的按量计费

实施垃圾计量收费制度，旨在增强家庭自主分类与减量的动力。通过按量计费的方式，是以经济杠杆撬动垃圾分类行为，姑且不讨论其静态的减量效果。从动态上来看，首先，这一制度的实施本身就是对民众的一次环境教育，由此带来的行为改变可能会远远超过价格手段本身所产生的减量效应。其次，按量计费还会影响居民在消费时的选择，促使他们更倾向于选择低废弃、环保的产品，进而倒逼企业进行绿色生产、采用简约包装等，从而在整个社会范围内产生积极的绿色引导效应。因此，从长远来看，按量计费这一模式不仅比“回收补贴”更为节约财政投入，而且具有更强的减量效应。不少发达国家的城市已经成功实施了按量计费制度，并取得了显著成效，这些经验可以为我们在“易于收缴”方面提供有益的参考。

### 11.2.2　强化互联网社区建设

在互联网高度发达的现在，当开放式社区缺乏有形的“社区物理界”时，可以通过居民微信等建立起社区业主微信群、楼栋微信群，构建边界清晰的互联网社区。互联网社区的形成有助于声誉激励机制的强化，互联网社区强化邻里交往与联结，有助于抑制短期行为、促进合作。互联网社区的构建有助于开放型社区邻里之间从“陌生人关系”转为“熟人关系”。互联网社区能便捷地分享信息，社区居民能几乎零成本、零时差地获知社区的公共信息。例如很多小区，在业主微信群及时分享各楼栋垃圾分类情况，既对积极者构成声誉的正激励，也形成对消极逃避者声誉的负激励。开放式社区的互联网社区的运行能够相当部分强化声誉激励。借助互联网营建线上社区，构成对线下社区弱约束力的补充，可以强化声誉激励，减少社区内违规投放等机会主义行为。

### 11.2.3 构建多元适用的环境教育体系

应在我国坚持环境教育，并对各阶段年龄人口实施针对性教育。在幼儿园、小学早期阶段应着重于强化根植环境价值理念。在小学高年级至中学阶段，应通过行为规范，严格培养垃圾分类行为。对于大学生，组织引导他们参加相关社会实践，如站桶志愿者活动等。对垃圾分类进社区的教育，应将宏大的认知教育转向微观、具体的行为引导，提高居民垃圾分类的技能等；在垃圾处理填埋或焚烧厂开辟市民教育点，定期对外开放，让民众能看到垃圾分类后各个环节的处置，让市民从整个垃圾分类处置角度来提升对垃圾分类的认知，以更深刻更具体的认知促进他们行为的转变，并通过宣传教育民众能获得政策执行的信心。当垃圾分类政府规章成为居民的行为规范，这种生活习惯、行为规范会实现代际传递。

### 11.2.4 数字赋能垃圾分类

中国经济社会的高速发展与数字时代高度重合，中国式现代化呈现数智化特征。数字时代的信息通信技术革命性地改变人际连接、互动交流的方式，带来了根本性的社会变迁。这是垃圾分类政策推行的环境，数智化时代的垃圾分类变化已然开始。例如，笔者调研发现，有社区就垃圾分类投放情况设立“红黑榜”，并以楼栋微信群为平台进行及时表彰，激励效果明显；社区在垃圾分类过程中，以人工“站桶值守”方式来引导、督促垃圾分类，而广州 H 街道采用“云站桶”“云智分”，利用线上守桶，“线上点赞”大幅提高垃圾分类督导效率，降低引导与监管的人工成本。该社区分类投放点智能监控设备实现了 100% 的社区全覆盖，可有效震慑违规投放。科技创新助力环卫现代化，人工智能与大数据应用有助于解决未来按量计费、垃圾投放抽检执行成本高的难题。

### 11.2.5　党建引领，营建多元共治的垃圾分类机制

我国基层党组织拥有广泛的覆盖面和严密的管理网络，在推进社区治理工作中具有得天独厚的优势。党支部、党小组等基层党组织，将政府的工作任务延伸至各个街道和社区居委会、村民委员会，为垃圾分类的政策提供了细密的实施网络、有效通道。疫情防控动员起来的社会力量，建立起的网格管理，都为我国现在推行垃圾分类提供了得天独厚的组织力量和政策推行渠道。应借助党建引领，引入市场力量、社会组织力量，以激励居民行为改变为目标，建立以社区为中心、作用于家庭的多元共治垃圾分类机制。

## 11.3　本书的不足

本研究为从经济学、社会学、法学的学科交叉来探讨城市生活垃圾分类激励机制的构建。在全书之末，以批判性思维来审慎阅读全书，发现它主要在以下方面存在不足。

第 6 章，为理论研究简洁起见而作的社区类型两分法，难以准确描述我国城镇社区的多样性。第 6 章、第 7 章对我国社区家庭在垃圾分类行为相互作用，作了演化博弈与仿真。仿真过程中对不同场景设定参数分析稳态结果时，是基于笔者社区调研而作的设定，这种设定可能带有主观性，或者受限于特定调研社区情景，进而可能影响研究结果的可靠性。

第 8 章，以大学生为研究对象来考察居民垃圾分类行为的影响因素，是基于以下考虑：大学生非在职，时间成本相对较低，垃圾分类时间成本无异质性；广州高校学生属于环境友好型人群；大学生集体生活学习，便于对比分析行为是受内在认知还是受集体环境影响；对大学生群体的问卷调查，可获得性更强。大学生的分类行为的研究刻画出了诸多影响因素，但它与针对

社区居民的研究结果应该会有差别。

第9章的四个社区实践案例，素材与数据主要来源于业内人士的提供。调研访谈过程中，缺乏如社会学专业那样的编码记录，以详细记录对话过程，这可能导致研究结果的偏差。另外，由于地域及疫情的影响，除了广州白云H街道外，其余三个案例因观察期不足，在“长效机制”的构建与长期政策效果的分析上存在明显的不足与遗憾。

因此，如前所述，垃圾分类长效机制的建立须实现从“政府主导”向“文化主导”的转变，形成居民内心认同并外在表现的行为规范。社区内声誉激励的构建将是笔者未来持续关注的研究方向。为了更深入地理解社区、垃圾分类行为与政策效果之间的关联，我们需要获取社区深层次的数据，并对居民垃圾分类行为进行跟踪研究。这是亟待持续深入探究的问题。

## 11.4 结束语

笔者对垃圾分类进行了近十年的相关研究，在理论研究的基础上进行社区走访调研，在第9章中分析了成功的案例，但更多的社区缓慢见效，也不乏应付检查的“对付型”社区。垃圾分类实施过程中，最重要的是人的改变。而人的改变，认知最重要。对垃圾分类政策需要有正确的认知，才不致行为有偏。

列出四种我们在调研过程中遇见的偏见或错误认知：（1）不相信公众能够改变。体现在分类设施过于追求便利，过于相信经济激励的作用。居民是垃圾产生者，对垃圾分类投放是责任主体，垃圾分类投放是居民应尽义务。单纯依靠经济激励，让人感觉是用钱买垃圾、用物换垃圾，这种方式不能广泛推行，也难以持续执行。而且，容易出现“激励停，分类就停”的消极状态。（2）把垃圾分类、把居民改变看得太简单，管理上不积极。例如，认为给居民发两个垃圾桶就能让居民实施分类。发个册子，就能让民众了解并学会垃圾分类。对民众的环境教育形式僵化、流于浮表；到幼儿园做活动，到小学做宣讲，到社区对居民培训，都是同样的小传单或小手册，对受众不了解不研究，使教育效果差，形成环境教育疲态。（3）垃圾分类管理无系统思维。垃圾分类是系统性、全环节的，既要分类投放，更要分类清运与处置。

有社区在垃圾分类政策实施前期，厨余垃圾处理设置尚未到位，就力推前端分类。分出来的厨余垃圾，最终又被混合处置。居民知晓后，引起不好的影响，打击其分类积极性。（4）垃圾分类中社区管理有也消极懒政者。表现在，盲目依赖第三方，以为将垃圾分类外包可以一劳永逸解决问题。垃圾分类必须是家庭参与，在社区实施，让居民改变。第三方可以成为借力者，但难以成为主导者，垃圾分类的责任主体是居民，垃圾分类的场域在社区。或者，对垃圾分类政策的长久实施没有信心，总觉得是一阵“运动风”。用物业人工分拣代劳，不对居民进行分类要求，不对他们的分类责任给予要求。改变错误认知，才能积极行动，才会有切实的政策效果。

引用习近平总书记 2023 年 5 月对上海志愿者的回信那句话，“垃圾分类和资源化利用是个系统工程，需要各方协同发力、精准施策、久久为功，需要广大城乡居民积极参与、主动作为”。[①] 垃圾分类政策推行中，是行为的改变，是社会新风尚的形成。它是攸关民生，推动生态文明建设、提高全社会文明程度的“关键小事”，需要你我他的共同行动。我们每一位都不是局外人，都需要躬身入局，才能实现建成垃圾分类的长效机制。居民垃圾分类由目前阶段的“行政驱动”成为民众“内化于心，外化于行”的行为规范，那就能实现“美好环境与幸福生活共同缔造”，实现人与自然的和谐共生。

---

① 用心用情做好宣传引导工作 推动垃圾分类成为低碳生活新时尚 [EB/OL]. 中国共产党新闻网，http：//cpc. people. com. cn/n1/2023/0523/c64094 - 32692380. html，2023 - 05 - 23.

# 参考文献

［1］安德森．想象的共同体：民族主义的起源与散布［M］．上海：上海人民出版社，2003：33.

［2］包群，邵敏，杨大利．环境管制抑制了污染排放吗？［J］．经济研究，2013，48（12）：42－54.

［3］保罗·伯特尼，罗伯特·史蒂文斯．环境保护的公共政策［M］．穆贤清，译．上海：三联书店，上海人民出版社，2004.

［4］曹海军，霍伟桦．封闭社区治理：国际经验与中国实践［J］．武汉大学学报：人文科学版，2017，70（2）：5－14.

［5］曹娜．我国城市生活垃圾处理收费价格研究［D］．武汉：中国地质大学，2010.

［6］陈科，梁进社．北京市生活垃圾定价及计量收费研究［J］．资源科学，2002（5）：93－96.

［7］陈鹏．城市社区治理：基本模式及其治理绩效——以四个商品房社区为例［J］．社会学研究，2016（3）：126－157.

［8］陈绍军，李如春，马永斌．意愿与行为的悖离：城市居民生活垃圾分类机制研究［J］．中国人口·资源与环境，2015，25（9）：168－176.

［9］陈毅，张京唐．探寻社区常规化治理之道：三种运行逻辑的比较——以上海垃圾分类治理为例［J］．华中科技大学学报（社会科学版），2021，35（4）：47－55.

［10］陈友华，邵文君．分类与分权：社会变迁视野下的社区治理重构［J］．东南学术，2023（1）：126－136.

［11］陈振明．公共政策学［M］．北京：中国人民大学出版社，2004.

［12］董淑英．社区生活垃圾回收利用的探索［J］．江苏环境科技，2006（4）：62－64.

［13］杜雯翠，陈博．环境规制产业集中度与环境污染［J］．西安交通大学学报：社会科学版，2021，41（1）：69－77.

［14］冯慧娟，张继承，鲁明中．废旧物资回收市场组织运作现状分析［J］．再生资源研究，2006（6）：1－4.

［15］冯敏良．“社区参与”的内生逻辑与现实路径——基于参与—回报理论的分析［J］．社会科学辑刊，2014（1）：57－62.

［16］郭守亭，王建明．垃圾外部性：本质特征、经济解释和管制政策［J］．管理世界，2007（9）：54－55.

［17］黄河，姜万波．荆州市城市生活垃圾分类收集调查［J］．环境科学与管理，2009（1）：10－13.

［18］江源．城市生活垃圾收费中的问题与对策［J］．科技导报，2001（6）：55－57.

［19］康佳宁，王成军，沈政，等．农民对生活垃圾分类处理的意愿与行为差异研究：以浙江省为例［J］．资源开发与市场，2018，34（12）：1726－1730，1755.

［20］黎熙元，陈福平．社区论辩：转型期中国城市社区的形态转变［J］．社会学研究，2008（2）：1－19.

［21］李斌，曹万林．环境规制对我国循环经济绩效的影响研究——基于生态创新的视角［J］．中国软科学，2017（6）：140－154.

［22］李东泉，蓝志勇．中国城市化进程中社区发展的思考［J］．公共管理学报，2012，9（1）：104－110，127－128.

［23］李健，李春艳．政策介入、社区类型与社会组织行动策略——基于上海爱芬环保参与社区垃圾分类案例的历时观察［J］．上海大学学报（社会科学版），2021，38（5）：68－78.

［24］李珒．政策信号、经济位次与市级政府环境监管行为选择［J］．中国软科学，2022（11）：102－108.

［25］李乾杰．小城镇生活垃圾处理经费分析——关于黑龙江省密山市密山镇的调查［J］．乡镇经济，2004（4）：26－27.

[26] 李志，余雅洁．公众参与基层腐败治理意向驱动因素研究——基于拓展的计划行为理论［J］．广州大学学报（社会科学版），2022，21（6）：82－93.

[27] 厉以宁．超越市场与超越政府——论道德力量在经济中的作用［M］．北京：经济科学出版社，2010.

[28] 连玉君．城市垃圾按量计费的经济分析［J］．南大商学评论，2006（2）：171－188.

[29] 廖茂林．社区融合对北京市居民生活垃圾分类行为的影响机制研究［J］．中国人口·资源与环境，2020，30（5）：118－126.

[30] 林婷．清洁生产环境规制与企业环境绩效——基于工业企业污染排放数据的实证检验［J］．北京理工大学学报：社会科学版，2022，24（3）：43－55.

[31] 刘传俊，杨建国，周君颖．适配均衡与多元协同：社区生活垃圾分类的政策工具选择［J］．华中农业大学学报（社会科学版），2022（3）：139－148.

[32] 刘曼琴，谢丽娟．"垃圾围城"的化解：实施按量计费的价格规制［J］．江西社会科学，2016（5）：71－77.

[33] 刘曼琴，张耀辉．城市生活垃圾处理价格规制的比较分析：按量计费与回收补贴［J］．南方经济，2018（2）：85－102.

[34] 刘曼琴，尹今格，李玲玲．数字技术赋能生态文明建设：以城市生活垃圾分类为例［J］．中国软科学，2024，（6）：66－78.

[35] ［美］迈克尔·豪利特，M. 拉米什．公共政策研究：政策循环与政策子系统［M］．庞诗，译．上海：三联书店，2006.

[36] 孟小燕．基于结构方程的居民生活垃圾分类行为研究［J］．资源科学，2019，41（6）：1111－1119.

[37] ［美］尼尔·斯梅尔瑟，［瑞典］瑞查德·斯威德伯格．经济社会学手册［M］．罗教讲，张永宏，等，译．北京：华夏出版社，2014.

[38] 彭书传，崔康平．城市垃圾分类收集与资源化［J］．合肥工业大学学报（社会科学版），2000（3）：37－38.

[39] 彭远春，毛佳宾．行为控制、环境责任感与城市居民环境行为——基于2010CGSS数据的调查分析［J］．中南大学学报（社会科学版），2018，

24 (1): 143 - 149.

[40] 钱坤. 从激励性到强制性: 城市社区垃圾分类的实践模式、逻辑转换与实现路径 [J]. 华东理工大学学报 (社会科学版), 2019, 34 (5): 83 - 91.

[41] 乔根·W. 威布尔. 演化博弈论 [M]. 王永钦, 译. 上海: 上海三联书店, 2006: 40 - 85.

[42] 邱皓政. 结构方程模型的原理与应用 [M]. 北京: 中国轻工业出版社, 2009.

[43] 曲英. 城市居民生活垃圾源头分类行为的理论模型构建研究 [J]. 生态经济, 2009 (12): 135 - 141.

[44] 曲英. 城市居民生活垃圾源头分类行为研究 [D]. 大连: 大连理工大学, 2007.

[45] 曲英. 对生活垃圾源头分类行为意向的研究 [J]. 管理观察, 2011 (1): 44 - 45.

[46] 曲英. 情境因素对城市居民生活垃圾源头分类行为的影响研究 [J]. 管理评论, 2010 (9): 121 - 128.

[47] 沈满洪. 庇古税的效应分析 [J]. 浙江社会科学, 1997 (4): 21 - 26.

[48] 石世英, 胡鸣明. 无废城市背景下项目经理垃圾分类决策行为意向研究——基于计划行为理论框架 [J]. 干旱区资源与环境, 2020, 34 (4): 22 - 26.

[49] 宋美慧, 王维才. 能源安全背景下企业与政府间双方演化博弈行为研究 [J]. 中国软科学, 2022 (9): 152 - 160.

[50] 孙晓杰, 王洪涛, 陆文静. 我国城市生活垃圾收集和分类方式探讨 [J]. 环境科学与技术, 2009 (10): 200 - 202.

[51] 汪丁丁. 行为经济学讲义: 演化论的视角 [M]. 上海: 上海人民出版社, 2011.

[52] 王建华, 沈旻旻, 朱淀. 环境综合治理背景下农村居民亲环境行为研究 [J]. 中国人口·资源与环境, 2020, 30 (7): 128 - 139.

[53] 王建明. 垃圾按量计费政策效应的实证研究 [J]. 中国人口·资源与环境, 2008 (2).

[54] 王孟永. 社区认同、环境情感结构与城市形态发生学机制研究——基于上海曹杨新村的测量与评价 [J]. 城市规划, 2018, 42 (12): 43 -53.

[55] 王诗宗, 徐畅. 社会机制在城市社区垃圾分类政策执行中的作用研究 [J]. 中国行政管理, 2020 (5): 52 -57.

[56] 王晓楠. 阶层认同、环境价值观对垃圾分类行为的影响机制 [J]. 北京理工大学学报 (社会科学版), 2019, 21 (3): 57 -66.

[57] 王晓楠. 中国公众环境行为逻辑 [M]. 北京: 社会科学文献出版社, 2019.

[58] 王炎龙, 刘叶子. 政策工具选择的适配均衡与协同治理 [J]. 四川大学学报 (哲学社会科学版), 2021 (3): 155 -162.

[59] 吴缚龙. 中国城市社区的类型及其特质 [J]. 城市问题, 1992 (5): 24 -27.

[60] 吴明隆. 结构方程模型——AMOS 的操作与应用 [M]. 重庆: 重庆大学出版社, 2009.

[61] 吴明隆. 结构方程模型——AMOS 实务进阶 [M]. 重庆: 重庆大学出版社, 2013.

[62] 谢丽娟. "垃圾围城" 的化解: 实施按量计费的价格规制 [J]. 江西社会科学, 2016 (5): 71 -77.

[63] 徐媛媛, 严强. 公共政策工具的类型、功能、选择与组合——以我国城市房屋拆迁政策为例 [J]. 南京社会科学, 2011 (12): 73 -79.

[64] 许金红, 王凤. 城市生活垃圾的回收模式探析 [J]. 西安石油大学学报 (社会科学版), 2011 (1): 43 -47.

[65] 杨秀勇, 高红. 社区类型, 社会资本与社区治理绩效研究 [J]. 北京社会科学, 2020 (3): 78 -89.

[66] 叶开根. 城市生活垃圾分类回收的思考 [J]. 科技资讯, 2011 (29): 170.

[67] 殷立春. 北京市朝阳区麦子店街道: 生活垃圾分类从源头抓起 [N]. 经济日报, 2010 -06 -23.

[68] 尹礼汇, 吴传清. 环境规制与长江经济带污染密集型产业生态效率 [J]. 中国软科学, 2021 (8): 181 -192.

［69］余倍，宾晓蓓，曹宏．城市生活垃圾分类收集现状及对策研究［J］．环境卫生工程，2011（6）：55－57.

［70］余长林，高宏建．环境管制对中国环境污染的影响——基于隐性经济的视角［J］．中国工业经济，2015（7）：21－35.

［71］张涵，齐寒月，石世英，等．建筑工人亲环境行为意愿研究——基于 TPB 理论框架［J］．项目管理技术，2021，19（9）：52－56.

［72］张继承．生活垃圾回收市场机制研究［M］．北京：中国农业出版社，2010.

［73］张洪振，钊阳．社会信任提升有益于公众参与环境保护吗？——基于中国综合社会调查（CGSS）数据的实证研究［J］．经济与管理研究，2019（5）：102－112.

［74］张鸿雁．论当代中国城市社区分异与变迁的现状及发展趋势［J］．规划师，2002（8）：5－8.

［75］张旭吟，王瑞梅，吴天真．农户固体废弃物随意排放行为的影响因素分析［J］．农村经济，2014（10）：95－99.

［76］张泽义，徐宝亮．规制强度、影子经济与污染排放［J］．经济与管理研究，2017，38（11）：100－111.

［77］张璋．理性与制度：政府治理工具的选择［M］．北京：中国人民大学出版社，2006.

［78］赵丽君，刘应宗．城市生活垃圾按量计费的减量化效应分析［J］．价格理论与实践，2009（2）：24－25.

［79］郑毅敏．有机食品消费者的认知及购买行为实证分析［J］．江苏商论，2009（12）：44－45.

［80］郑泽宇，陈德敏．生活垃圾分类政策的功能轮廓与制度规则——以市级地方条例为样本的制度语法学分析［J］．中国行政管理，2021（7）：112－118.

［81］钟云华，王骄华．大学生创业意向动态变化的影响因素与作用机制——基于计划行为理论视角的定量考察［J］．湖南师范大学教育科学学报，2023，22（1）：62－72.

［82］朱春奎．政策网络与政策工具：理论基础与中国实践［M］．上海：复旦大学出版社，2011.

[83] 朱一杰，金盛华，万薇洁，等．道德自我形象对亲社会行为的影响：调节定向的调节作用 [J]．心理科学，2017，40（2）：421 – 428.

[84] Abrahamse W.，Steg L. Social Influence Approaches to Encourage Resource Conservation：A Meta-Analysis [J]. Global Environmental Change，2013，23（6）：1773 – 1785.

[85] Ajzen I. From Intentions to Actions：A Theory of Planned Behavior [M]. Springer Berlin Heidelberg，1985.

[86] Ajzen I. The Theory of Planned Behavior [J]. Organizational Behavior and Human Decision Processes，1991，50：179 – 211.

[87] Akil A. M.，Foziah J.，Ho C. S.，et al. The Effects of Socio-Economic Influences on Households Recycling Behavior in Iskandar Malaysia [J]. Procedia-Social and Behavioral Sciences，2015，202：124 – 134.

[88] Anderson S.，Francois P. Environmental Cleanliness as a Public Good：Welfare and Policy Implications of Nonconvex Preferences [J]. Journal of Environmental Economics and Management，1997（34）：256 – 274.

[89] Ariely D.，Bracha A.，Meier S. Doing Good or Doing Well? Image Motivation and Monetary Incentives in Behaving Prosocially [J]. The American Economic Review，2009，99（1），544 – 555.

[90] Ayob S. F.，Sheau-Ting L.，Jalil R. A.，et al. Key Determinants of Waste Separation Intention：Empirical Application of TPB [J]. Facilities，2017，35：696 – 708.

[91] Becker G. S. A Theory of the Allocation Time [J]. Economic Journal 1965（75）：493 – 517.

[92] Bento A. M.，Jacobsen M. R.，Liu A. A. Environmental Policy in the Presence of an Informal Sector [J]. Journal of Environmental Economics & Management，2018，220（1）：286 – 294.

[93] Binmore K.，Samuelson L. Evolutionary Drift and Equilibrium Selection [J]. Review of Economic Studies，1999，66（2）：363 – 393.

[94] Bowles S.，Polanía-Reyes S. Economic Incentives and Social Preferences：Substitutes or Complements? [J]. Journal of Economic Literature，2012，50（2）：368 – 425.

[95] Britton P C., Conner K. Reliability of the UCLA Loneliness Scale in Opiate Dependent Individuals [J]. Journal of Personality Assessment, 2007, 88: 368 - 371.

[96] Cho S., Kang H. Putting Behavior Into Context [J]. Environment and Behavior, 2016, 49 (3), 283 - 313.

[97] Cialdini R. B., Goldstein N. J. Social Influence: Compliance and Conformity [J]. Annual Review of Psychology, 2004, 55: 591 - 621.

[98] Crofts P., Morris T., Wells K., et al. Illegal Dumping and Crime Prevention: A Case Study of Ash Road, Liverpool Council [J]. The Journal of Law and Social Justice, 2010 (5): 1 - 23.

[99] Daisuke Ichinose, Masashi Yamamoto. On the Relationship Between the Provision of Waste Management Service and Illegal Dumping [J]. Resource and Energy Economics, 2011 (33): 79 - 93.

[100] Deci E. L., Deci E. L., Koestner R., Ryan R. M. A Meta-Analytic Review of Experiments Examining the Effects of Extrinsic Rewards on Intrinsic Motivation [J]. Psychological Bulletin, 1999, 125 (6): 627 - 668.

[101] Don F., Kinnaman T. C. Garbage, Recycling, and Illicit Burning or Dumping [J]. Journal of Environmental Economics & Management, 2004, 29 (1): 78 - 91.

[102] Downs D. S. Heather H. A. Elicitation Studies and the Theory of Planned Behavior: A Systematic Review of Exercise Beliefs [J]. Psychology of Sport and Exercise, 2003 (6): 1 - 31.

[103] Fullerton D., Kinnaman T. C. Household Responses to Pricing Garbage by the Bag [J]. American Economic Review, 1996 (86): 971 - 984.

[104] Finkel S. E., Muller E. N. Rational Choice and the Dynamics of Political Action: Evaluating Alternative Models with Panel Data [J]. American Political Science Review, 1998, 92 (1): 37 - 49.

[105] Gneezy U., Meier S., Rey-Biel P. When and Why Incentives (Don't) Work to Modify Behavior [J]. Journal of Economic Perspectives, 2011, 25 (4): 191 - 210.

[106] Guagnano G. A., Stern P. C., Dietz T. Influences on Attitude-Be-

havior Relationships: A Natural Experiment with Curbside Recycling [J]. Environment & Behavior, 1995, 27 (5): 699 -718.

[107] Hojjati M., Yazdanpanah, M., et al. Willingness of Iranian Young Adults to Eat Organic Foods: Application of the Health Belief Model [J]. Food Quality and Preference, 2015, 41: 75 -83.

[108] Holland S. P. Emissions Taxes Versus Intensity Standards: Second-Best Environmental Policies with Incomplete Regulation [J]. Journal of Environmental Economics and Management, 2012 (63): 375 -387.

[109] Ichinose D., Yamamoto M. On the Relationship Between the Provision of Waste Management Service and Illegal Dumping [J]. Resource & Energy Economics, 2011, 33 (1): 79 -93.

[110] Jenkins R. R., Martinez S. A., Palmer K., et al. The Determinants of Household Recycling: A Material-Specific Analysis of Recycling Program Features and Unit Pricing [J]. Journal of Environmental Economics and Management, 2003 (45): 294 -318.

[111] Li C. J., Huang Y. Y., Harder M. K. Incentives for Food Waste Diversion: Exploration of a Long Term Successful Chinese City Residential Scheme [J]. Journal of Cleaner Production, 2017, 156: 491 -499.

[112] Maki A., Burns R. J., Ha L., Rothman A. J. Paying People to Protect the Environment: A Meta-Analysis of Financial Incentive Interventions to Promote Pro-Environmental Behaviors [J]. Journal of Environmental Psychology, 2016, 47: 242 -255.

[113] Miranda M. L., Aldy J. E. Unit Pricing of Residential Municipal Solid Waste: Lessons from Nine Case Study Communities [J]. Journal of Environmental Management, 1998 (52): 79 -93.

[114] Matsumoto S. Waste Separation at Home: Are Japanese Municipal Curbside Recycling Policies Efficient? [J]. Resources Conservation and Recycling, 2011, 55 (3): 325 -334.

[115] Nezakati H., Moghadas S., Aziz A., et al. Effect of Behavioral Intention Toward Choosing Green Hotels in Malaysia: Preliminary Study [J]. Procedia-Social and Behavioral Sciences, 2015, 172: 57 -62.

[116] Pollak R. A., Wachter M. L. The Relevance of the Household Production Function and its Implications for the Allocation of Time [J]. Journal of Political Economy, 1975 (83): 255-277.

[117] Portney K. E., Berry J. M. Participation and the Pursuit of Sustainability in U. S. Cities [J]. Urban Affairs Review, 2010, 46, 119-139.

[118] Rommel J., Buttmann V., Liebig G., et al. Motivation Crowding Theory and Pro-Environmental Behavior: Experimental Evidence [J]. Economics Letters, 2015, 129: 42-44.

[119] Roth A. E., Erev I. Learning in Extensive-Form Games: Experimental Data and Simple Dynamic Models in the Intermediate Term [J]. Games and Economic Behavior, 1995, 8 (1): 164-212.

[120] Schwartz S. H., Howard J. A Normative Decision-Making Model of Altruism [J]. Altruism and Helping Behavior, 1981 (1): 189-211.

[121] Shigeru Matsumoto, Kenji Tankeuchi. The Effect of Community Characteristics on the Frequency of Illegal Dumping [J]. Environmental Economics and Policy Studies, 2011 (13): 177-193.

[122] Taylor P. D., Jonker L B. Evolutionary Stable Strategies and Game Dynamics [J]. Mathematical Biosciences, 1978, 40 (2): 145-156.

[123] Tetlow R. M., Dronkelaar C. V., Beaman C. P., et al. Identifying Behavioral Predictors of Small Power Electricity Consumption in Office Buildings [J]. Building and Environment, 2015, 92: 75-85.

[124] Wertz K. L. Economic Factors Influencing Households Production of Refuse [J]. Journal of Environmental Economics and Management, 1976 (2): 263-272.

[125] Young H. P. Individual Strategy and Social Structure [M]. Princeton: Princeton University Press, 1998.

# 附录：调查问卷

本问卷将用于广州大学生垃圾分类的研究，恳请您尽可能如实表述自己的感受和经验，真诚地感谢您的支持和配合。

## 第一部分　社会人口学统计变量

1. 您的性别？

A. 男　B. 女

2. 您的学习阶段是？

A. 大一或大二　B. 大三或大四　C. 研究生及以上

3. 请问您来自？

A. 农村　B. 城市

4. 请问您有几个兄弟姐妹（除去您本人）？

A. 零个（独生子女）　B. 一个　C. 两个　D. 其他

5. 请问您就读的专业是？

A. 经管类　B. 医学类　C. 法学类　D. 工学类　E. 其他

6. 请问您的政治面貌是？

A. 中共党员（包括预备党员）　B. 共青团员　C. 群众　D. 其他

7. 如果实行按量计价，您认为下列哪些措施能够促进人们遵守按量计价制度？（排序题）

A. 加大宣传力度　B. 奖励按袋缴费者　C. 监控并处罚偷倒垃圾的行为

D. 制定合理的收费标准　E. 提高缴费的便利性

请排序：________________

8. 是什么让您养成垃圾分类的习惯？

A. 法规政策　B. 奖惩制度　C. 自身素养　D. 其他

9. 哪种奖励最能激励您进行垃圾分类

A. 便利店积分换礼　B. 五星宿舍评优　C. 学习学分奖励　D. 其他

10. 您对如何促进更多人参与垃圾分类还有其他建议吗？

---

## 第二部分　问卷问题

请您根据自身情况思考下列陈述的真实性（1 代表完全不同意，2 代表比较不同意，3 代表一般，4 代表比较同意，5 代表非常同意），在您认为符合的数字下打“√”。

| 维度 | 问题 | 得分 |
|---|---|---|
| 行为意向 | 实际上，我在学校一直有进行垃圾分类的行为 | 1　2　3　4　5 |
| 态度 | 我认为有必要进行垃圾分类 | 1　2　3　4　5 |
| | 如果今后实施垃圾分类按量计费，我会非常支持 | 1　2　3　4　5 |
| | 我认为垃圾分类可以提高循环再造率 | 1　2　3　4　5 |
| | 我认为我的垃圾分类行为将对社会有所贡献 | 1　2　3　4　5 |
| 主观规范 | 室友对垃圾分类的态度行为会影响我对垃圾分类的态度行为 | 1　2　3　4　5 |
| | 我会因为家里人参与垃圾分类而分类 | 1　2　3　4　5 |
| | 我所在的学校有实施垃圾分类的倡导 | 1　2　3　4　5 |
| | 我所在的学校关于垃圾分类明确的奖惩制度 | 1　2　3　4　5 |
| 感知行为控制 | 我对垃圾分类知识非常了解 | 1　2　3　4　5 |
| | 实施垃圾分类行为，对于我而言，是一件简单的事情 | 1　2　3　4　5 |
| | 我可以承受垃圾分类带来的经济或时间成本 | 1　2　3　4　5 |